新型职业农民培育工程规范教材

果树栽培实用技术

杨 国 王廷忠 王立平 主编

中国农业科学技术出版社

图书在版编目（CIP）数据

果树栽培实用技术／杨国，王廷忠，王立平主编.—北京：中国农业科学技术出版社，2016.5（2025.1重印）

ISBN 978-7-5116-2567-0

Ⅰ.①果… Ⅱ.①杨… ②王… ③王… Ⅲ.①果树园艺 ②果树-病虫害防治 Ⅳ.①S66 ②S436.6

中国版本图书馆CIP数据核字（2016）第065675号

责任编辑	王更新
责任校对	杨丁庆
出 版 者	中国农业科学技术出版社 北京市中关村南大街12号　邮编：100081
电　　话	（010）82106639（编辑室）　（010）82109702（发行部） （010）82109709（读者服务部）
传　　真	（010）82106639
网　　址	http://www.castp.cn
经 销 者	各地新华书店
印 刷 者	北京虎彩文化传播有限公司
开　　本	850mm×1 168mm　1/32
印　　张	8.75
字　　数	212千字
版　　次	2016年5月第1版　2025年1月第4次印刷
定　　价	28.00元

版权所有·翻印必究

《果树栽培实用技术》
编委会

主　编：杨　国　王廷忠　王立平
副主编：李学来　方　力　武振宁
　　　　吴学琛　张晨辉　金世立
编　委：安胜利　刘　霄　祝慧毅　曾　钦

前　　言

　　果树是一种高收益、多功能的经济作物。果品市场需求空间大，是高效农业的典范，在推进农业结构调整，转变农业经济增长方式，建设现代农业，促进农民增收、农业增效中作用巨大。

　　果品具有丰富的营养及医疗价值，含有人体需要的糖类、蛋白质、脂肪、矿物质、维生素五大营养素，且不同种类的果品含量不同。果品一开始被采用主要是为了满足人类生存对水、蛋白质、能量（脂肪和碳水化合物）的基本需求，这一作用现在已大部分被粮食及荤素菜所取代。

　　本书围绕大力培育新型职业农民，能满足职业农民朋友生产中的需求。共分16章，内容包括果树的概述、育苗技术、建立果园技术、苹果、梨、葡萄、桃、核桃、板栗、猕猴桃、柿、石榴、无花果、草莓、果树病虫害、果树栽培的经营管理等。

　　本书力求做到内容浅显易懂、图文并茂，让农民朋友易于学习掌握。

编　者

目　　录

第一章　果树的概述 …………………………………（1）
第一节　果品生产在农业经济发展中的作用 ………（1）
第二节　果树栽培的特点与发展趋势 ………………（2）
　　一、果树栽培的特点 …………………………………（2）
　　二、果树栽培的发展趋势 ……………………………（3）
第三节　果树的一般分类法 …………………………（6）
　　一、根据果实进行分类 ………………………………（6）
　　二、根据生物学特性进行分类 ………………………（7）

第二章　育苗技术 ……………………………………（8）
第一节　苗圃建立 ……………………………………（8）
　　一、育苗方式 …………………………………………（8）
　　二、苗圃 ………………………………………………（12）
第二节　嫁接苗培育 …………………………………（15）
　　一、嫁接苗的特点和利用 ……………………………（15）
　　二、影响嫁接成活的因素 ……………………………（15）
　　三、砧木和接穗的相互影响 …………………………（18）
　　四、砧木 ………………………………………………（19）
　　五、砧木苗培育 ………………………………………（20）
　　六、接穗采集 …………………………………………（26）

七、嫁接 …………………………………………… (27)
　　八、果苗矮化中间砧二年出圃技术 ……………… (38)
第三节　扦插苗培育 …………………………………… (39)
　　一、扦插苗及类型 ………………………………… (39)
　　二、影响扦插成活因素 …………………………… (40)
　　三、扦插生产技术 ………………………………… (44)
第四节　压条育苗和分株育苗 ………………………… (48)
　　一、压条育苗 ……………………………………… (48)
　　二、分株育苗 ……………………………………… (52)
第五节　无病毒果苗培育 ……………………………… (53)
　　一、无病毒母树培育 ……………………………… (53)
　　二、繁殖无病毒苗木要求 ………………………… (55)
　　三、无病毒苗木培育 ……………………………… (56)

第三章　建立果园技术 ……………………………… (57)

第一节　园地选择 ……………………………………… (57)
　　一、果园类型简介 ………………………………… (57)
　　二、果园环境标准 ………………………………… (58)
第二节　果园规划基本程序与内容 …………………… (59)
　　一、建园调查与园地测绘 ………………………… (59)
　　二、总体规划设计 ………………………………… (59)
　　三、编写果园规划设计说明书 …………………… (68)
第三节　果树栽植技术 ………………………………… (71)
　　一、常规栽植技术 ………………………………… (71)
　　二、矮化中间砧苗栽植技术 ……………………… (77)
　　三、特殊栽植技术 ………………………………… (77)

第四章 苹果 (80)
第一节 主要优良品种 (80)
一、藤木1号 (80)

二、珊夏 (80)

三、嘎拉系 (81)

四、津轻及红津轻 (81)

五、红露 (82)

六、红将军 (82)

七、富士系 (83)

八、乔纳金系 (84)

第二节 对环境条件的要求 (85)
一、温度 (85)

二、水分 (86)

三、光照 (86)

四、土壤 (86)

第三节 花果管理 (87)
一、促花技术 (87)

二、保花保果 (88)

三、疏花疏果 (92)

四、果实套袋 (95)

五、摘袋和摘袋后的管理 (97)

六、适时采收 (98)

第五章 梨 (100)
第一节 主要优良品种 (100)
一、白梨系 (100)

二、沙梨系 (102)

三、西洋梨系列 …………………………………（106）
第二节　对环境条件的要求 ……………………（108）
　一、温度 …………………………………………（108）
　二、光照 …………………………………………（109）
　三、水分 …………………………………………（110）
　四、土壤 …………………………………………（110）
第三节　花果管理 …………………………………（111）
　一、保花保果 ……………………………………（111）
　二、疏花疏果 ……………………………………（113）
　三、果实套袋 ……………………………………（114）

第六章　葡萄 …………………………………（116）

第一节　主要优良品种 ……………………………（116）
　一、品种分类 ……………………………………（116）
　二、主要优良品种 ………………………………（118）
第二节　对环境条件的要求 ……………………（126）
　一、温度 …………………………………………（126）
　二、光照 …………………………………………（127）
　三、水分 …………………………………………（127）
　四、土壤 …………………………………………（128）
第三节　花果管理 …………………………………（128）
　一、枝蔓管理 ……………………………………（128）
　二、花果管理 ……………………………………（131）
　三、埋土防寒 ……………………………………（133）

第七章　桃 ……………………………………（135）

第一节　主要优良品种 ……………………………（135）
　一、普通桃 ………………………………………（135）

二、油桃 …………………………………………（140）
　　三、蟠桃 …………………………………………（143）
第二节　对环境条件的要求 …………………………（146）
　　一、温度 …………………………………………（146）
　　二、水分 …………………………………………（146）
　　三、光照 …………………………………………（147）
　　四、土壤 …………………………………………（147）
第三节　花果管理 ……………………………………（148）
　　一、促花措施 ……………………………………（148）
　　二、保花保果 ……………………………………（149）
　　三、疏花疏果 ……………………………………（151）
　　四、果实套袋 ……………………………………（152）
　　五、提高果实品质的途径 ………………………（153）

第八章　核桃 …………………………………………（156）
第一节　主要优良品种 ………………………………（156）
　　一、薄丰 …………………………………………（156）
　　二、绿波 …………………………………………（157）
　　三、金薄香1号 …………………………………（157）
　　四、中林1号 ……………………………………（158）
　　五、中林5号 ……………………………………（158）
　　六、晋龙1号 ……………………………………（159）
　　七、晋龙2号 ……………………………………（160）
　　八、西扶1号 ……………………………………（160）
　　九、香玲 …………………………………………（160）
　　十、辽核4号 ……………………………………（161）
　　十一、纸皮1号 …………………………………（161）

十二、西林 2 号 …………………………………… (161)
　　十三、日本清香核桃 ……………………………… (162)
　第二节　环境要求 …………………………………… (162)
　　一、温度 …………………………………………… (162)
　　二、湿度 …………………………………………… (163)
　　三、光照 …………………………………………… (163)
　　四、土壤 …………………………………………… (163)
　第三节　花果管理 …………………………………… (163)
　　一、育苗 …………………………………………… (163)
　　二、建园 …………………………………………… (165)
　　三、整形修剪 ……………………………………… (166)
　　四、土肥水管理 …………………………………… (168)
　　五、花果管理 ……………………………………… (169)
　　六、适时采收与加工 ……………………………… (169)

第九章　板栗 …………………………………………… (171)
　第一节　主要优良品种 ……………………………… (171)
　　一、林县谷堆栗 …………………………………… (171)
　　二、无刺栗 ………………………………………… (172)
　　三、辽阳 1 号 ……………………………………… (172)
　　四、燕山短枝 ……………………………………… (173)
　　五、双季板栗 ……………………………………… (173)
　　六、花盖栗 ………………………………………… (173)
　　七、华丰 …………………………………………… (174)
　　八、无花栗 ………………………………………… (175)
　　九、燕山红 ………………………………………… (176)
　　十、海丰 …………………………………………… (177)

十一、石丰 …………………………………………（178）
　　十二、泰安薄壳 ……………………………………（179）
第二节　对环境条件的要求 ……………………………（180）
　　一、温度 ……………………………………………（180）
　　二、光照 ……………………………………………（181）
　　三、水分 ……………………………………………（181）
　　四、土壤 ……………………………………………（181）
　　五、地势 ……………………………………………（181）
　　六、风和其他 ………………………………………（182）
第三节　花果管理 ………………………………………（182）
　　一、育苗 ……………………………………………（182）
　　二、建园 ……………………………………………（183）
　　三、土肥水管理 ……………………………………（184）
　　四、整形修剪 ………………………………………（185）
　　五、花果管理 ………………………………………（187）
　　六、适时采收及采后处理 …………………………（187）

第十章　猕猴桃 …………………………………（189）
第一节　主要优良品种 …………………………………（189）
　　一、金早 ……………………………………………（189）
　　二、金霞 ……………………………………………（189）
　　三、武植3号 ………………………………………（190）
　　四、金桃 ……………………………………………（190）
　　五、金艳 ……………………………………………（191）
　　六、磨山4号 ………………………………………（191）
　　七、早鲜 ……………………………………………（192）
　　八、秦美 ……………………………………………（192）

九、华美 2 号 …………………………………………（192）
　　十、江山娇 …………………………………………（193）
　　十一、超红 …………………………………………（193）
　第二节　对环境条件的要求 …………………………（194）
　　一、温度 ……………………………………………（194）
　　二、光照 ……………………………………………（194）
　　三、水分 ……………………………………………（194）
　　四、土壤 ……………………………………………（195）
　　五、风 ………………………………………………（195）
　第三节　花果管理 ……………………………………（195）
　　一、育苗 ……………………………………………（195）
　　二、建园 ……………………………………………（197）
　　三、土肥水管理 ……………………………………（198）
　　四、整形修剪 ………………………………………（199）
　　五、花果管理 ………………………………………（202）
　　六、适时采收与催熟 ………………………………（202）

第十一章　柿 ……………………………………………（204）
　第一节　主要优良品种 ………………………………（204）
　　一、涩柿类 …………………………………………（204）
　　二、甜柿类 …………………………………………（206）
　第二节　对环境条件的要求 …………………………（208）
　　一、温度 ……………………………………………（208）
　　二、水分 ……………………………………………（208）
　　三、光照 ……………………………………………（208）
　　四、土壤 ……………………………………………（208）
　第三节　花果管理 ……………………………………（209）

一、育苗 ………………………………………… (209)
二、建园 ………………………………………… (209)
三、土肥水管理 ………………………………… (210)
四、整形修剪技术 ……………………………… (210)
五、花果管理 …………………………………… (211)
六、适期采收 …………………………………… (212)

第十二章 石榴 …………………………………… (213)
第一节 主要优良品种 ………………………… (213)
一、食用优良品种 ……………………………… (213)
二、观赏和盆栽优良品种 ……………………… (216)
第二节 对环境条件的要求 …………………… (217)
一、温度 ………………………………………… (217)
二、光照 ………………………………………… (217)
三、水分 ………………………………………… (217)
四、海拔 ………………………………………… (217)
五、土壤 ………………………………………… (218)
第三节 花果管理 ……………………………… (218)
一、育苗 ………………………………………… (218)
二、建园 ………………………………………… (219)
三、土肥水管理 ………………………………… (219)
四、整形修剪 …………………………………… (220)
五、花果管理 …………………………………… (221)
六、适时采收 …………………………………… (221)

第十三章 无花果 ………………………………… (222)
第一节 主要优良品种 ………………………… (222)
一、布兰瑞克 …………………………………… (222)

二、黄果一号 …………………………………………… (223)

三、绿果一号 …………………………………………… (223)

四、麦司依陶芬 ………………………………………… (223)

五、波姬红 ……………………………………………… (224)

六、金傲芬 ……………………………………………… (224)

七、日本紫果 …………………………………………… (225)

第二节 环境要求 ………………………………………… (225)

一、温度 ………………………………………………… (225)

二、光照 ………………………………………………… (226)

三、水分 ………………………………………………… (226)

四、土壤 ………………………………………………… (226)

第三节 花果管理 ………………………………………… (226)

一、育苗 ………………………………………………… (226)

二、建园 ………………………………………………… (227)

三、土肥水管理 ………………………………………… (227)

四、整形修剪 …………………………………………… (228)

五、果实发育期管理 …………………………………… (229)

六、适时采收 …………………………………………… (229)

第十四章 草莓 ……………………………………………… (230)

第一节 主要优良品种 …………………………………… (230)

一、幸香 ………………………………………………… (230)

二、枥乙女 ……………………………………………… (230)

三、章姬 ………………………………………………… (231)

四、港丰 ………………………………………………… (231)

五、卡尔特一号（C） …………………………………… (231)

六、鬼怒甘 ……………………………………………… (231)

         七、哈尼 ………………………………………… (232)
         八、明晶 ………………………………………… (232)
         九、全明星 ……………………………………… (232)
         十、森嘎拉 ……………………………………… (233)
    第二节　对环境条件的要求 ………………………… (233)
         一、温度 ………………………………………… (233)
         二、水分 ………………………………………… (233)
         三、光照 ………………………………………… (234)
         四、土壤 ………………………………………… (234)
    第三节　花果管理 …………………………………… (234)
         一、育苗 ………………………………………… (234)
         二、建园 ………………………………………… (236)
         三、土肥水管理 ………………………………… (237)
         四、植株管理 …………………………………… (239)
         五、综合防治病虫害 …………………………… (239)
         六、果实采收 …………………………………… (240)
         七、采收后管理 ………………………………… (240)

第十五章　果树病虫害 ………………………………… (241)
    第一节　果树病害 …………………………………… (241)
         一、苹果腐烂病 ………………………………… (241)
         二、苹果锈果病 ………………………………… (242)
         三、梨黑星病 …………………………………… (243)
         四、葡萄霜霉病 ………………………………… (243)
         五、苹果轮纹病 ………………………………… (243)
         六、梨白粉病 …………………………………… (244)
         七、桃炭疽病 …………………………………… (244)

八、葡萄白腐病 …………………………… (244)
　　九、桃细菌性穿孔病 ……………………… (245)
　　十、果树小叶病 …………………………… (246)
　　十一、果树缺铁黄叶病 …………………… (246)
　　十二、果树缺硼缩果病 …………………… (247)
　　十三、果树缺素症 ………………………… (248)
　第二节　果树虫害 …………………………… (248)
　　一、危害叶的虫害 ………………………… (248)
　　二、危害果的虫害 ………………………… (251)
　　三、危害枝干的虫害 ……………………… (254)

第十六章　果树栽培的经营管理 ……………… (257)
　第一节　果树生产基地的经营 ……………… (257)
　　一、果树育苗基地的经营 ………………… (257)
　　二、果树苗木市场调查与预测 …………… (258)
　第二节　苗木出圃的经营管理 ……………… (259)
　　一、出圃准备 ……………………………… (259)
　　二、苗木挖掘 ……………………………… (259)
　　三、分级与修苗 …………………………… (260)
　　四、检疫与消毒 …………………………… (260)
　　五、包装运输与贮藏 ……………………… (261)

主要参考文献 ………………………………… (263)

第一章 果树的概述

第一节 果品生产在农业经济发展中的作用

农业是国民经济的基础，果树是农业的重要组成部分。一个国家的人均果品消费水平往往反映了该国的经济发展状况。随着人民生活水平的提高，广大消费者对果品的要求已不再局限于充分供应，而是对品种、品质、特色和功能提出了更高的要求，果树的生产栽培变得日益重要，它对提高农业效益、发展农村经济和改善人们生活都具有重要意义。我国果树栽培的总面积和果品总产量均居世界第一位，同时也是果品消费大国，但在果树的生产技术、管理水平、果品品质和市场竞争力等方面与世界先进水平相比，还存在着较大差距。因此，培育果树优良品种、研发及应用先进技术、提高栽培管理水平对于果树产业的优化升级和可持续发展有现实的必要性和紧迫性。

发展果树生产不仅能因地制宜地利用山坡地、丘陵和荒地，扩大农业生产规模和增加农产品产量，而且有利于保持水土、降低污染、美化景观和改善生态环境。果树产业还可带动观光休闲旅游业和果品加工业的发展，有利于充分利用农村富余劳动力资源，促进农村社会经济发展。

果品营养丰富，富含人体所必需的糖类、维生素、矿物质、食物纤维素、脂肪和蛋白质等营养素，是人们生活的必需品。

荔枝、龙眼、柑橘橙、猕猴桃和香蕉等既是含糖量丰富的水果，又是维生素 C 含量高的水果。有些果品还含有特殊的保健成分，对特定人群有特别的防治和保健作用，如银杏种仁（白果仁）除了富含淀粉，还含有较多的蛋白质和脂肪以及多生物活性成分，有敛肺气、定喘嗽、缩小便、扩张微血管的功效，既是一种中药材，更是一种美味食品。

果品除了鲜食外，还可作为重要的农产品加工原料。果树的果实能加工成果干、果脯、蜜饯、果冻、果酱、果汁、果酒和水果罐头等，还可以从中提取果胶、果酸、香精、药物和保健成分。例如，猕猴桃果实种子中含有的 3-亚麻酸是一种人体不能合成的珍贵健脑药用成分；香蕉有润肠、降压等作用；从鲜梨中提取的梨膏有养血的功效。

第二节　果树栽培的特点与发展趋势

一、果树栽培的特点

果树栽培与作物栽培和其他植物栽培相比，既有共同的理论基础和一些相同的技术方法，也有其自身的显著特点。

（一）种类多

果树既有乔木型的银杏、荔枝、龙眼和芒果等株型高大的果树，灌木型的树莓、石榴、刺梨和金橘等株型较小的果树，也有藤本的猕猴桃、西番莲、葡萄和罗汉果等棚架上生长的果树，还有草本的菠萝、草莓、香蕉和番木瓜等，它们的生物学特性、生长环境要求和栽培技术有很大的差异。

（二）生产周期长

多数果树为木本植物，栽种当年通常不结果，一般要 3~5 年才进入结果期，5~7 年才达到丰产期。从果树的幼年期至成年期，其栽培管理有一定差异。由于大多数果树是多年生植物，进入结果期之后，往往能连续多年收获，长达十多年甚至几十年。因此，果园的栽培管理及园艺措施有较为固定的周期性。

（三）集约型

相对于农作物和其他植物，单位面积果园所投入的人力、物力较多，管理较精细，而且更多地依靠人工作业。但是，果品属高值农产品，经济效益也较大。集约经营适合我国人多地少的国情，对劳动者的素质有较高要求。

（四）鲜果是主产品

大多数果树是以鲜食果实上市提供消费者直接食用，但不同种类的果品鲜食和加工的比例各有差异。因此，果品的贮藏保鲜在果业中有重要的地位和作用，果树栽培不仅要考虑高产和优质，也必须重视种类、品种和栽培技术对果品贮藏和加工性能的影响。

二、果树栽培的发展趋势

自 20 世纪 50 年代以来，世界果品生产经过多轮发展与竞争，虽然有起有落，但总的发展趋势是相对稳定和逐渐上升的。一方面，随着总人口的不断增加，对果品的总需求也随之上升；另一方面，由于人们生活水平的提高和对健康的日益重视，人均消费水平也有一定的增加，而且对果品的质量要求将更为严格。改革开放以来，随着农业结构的调整，我国果品生产取得了长足的进步，但人均占有量与世界人均水平仍有较大的差距，且在品质上落后于国际市场的要求。全面了解国内外果品生产与市场，加快引进和选育高产优质良种，提高果园栽培管理水平，推进果业的优化升级，是我国果品生产的未来目标和方向。综观国内外果品生产的现状和发展前景，果树栽培的发展趋势大体表现为以下5个方面。

（一）适应绿色食品要求的果树栽培

绿色食品也称为生态食品，是指按照特定生产方式生产，并经国家相关专门机构认定和许可，使用绿色食品标志的无污染、无公害、安全、优质的营养性食品。根据绿色食品（果品）的要求，果树必须生长在无污染的环境中，栽培过程中不施用化肥和化学农药，并严格控制灌溉用水的水质和严防施肥所带来的污染物。在果树栽培中还应倡导推广抗病品种、使用生物农药和实行病虫害综合防治。

（二）高新技术在果树栽培中的应用

科学的发展和新技术的应用促进了果树栽培的进步和果品产量及品质的提高。应对市场对果品均衡上市的要求，可通过调整品种结构（早熟、中熟和迟熟品种合理搭配）和反季节栽培、设施栽培及延迟栽培等人工控制措施得以实现。计算机和信息技术与果树栽培管理相结合，实现生产环节的自动控制，甚至是工厂化生产，将是未来果树栽培的发展方向。

（三）提高果树早期产量和改善鲜果品质

多数果树栽植3~5年后才能结果，造成生产周期长，投资回收慢和市场预期不确定性。因此，提前结果和早期丰产一直是果品生产者所追求的重要目标之一。由于优良品种、矮化密植、调控技术和大龄树高位嫁接等技术的推广应用，果树栽植可以提前结果1~3年，甚至达到当年结果，使丰产期提前2~3

年到来。估计在今后的果园栽培管理中，早结丰产栽培技术及栽培规范的应用将成为新建果园的主流栽培管理模式。

鲜果品质包括果形、大小、颜色等外观品质和营养、风味、香气、保健功能等内在品质。随着生活水平的提高，人们对鲜果品质的要求更高，特别是在国际市场和国内高端消费市场上，鲜果品质是决定其市场竞争力的最重要因素。鲜果品质既决定于品种特性（种性），又与栽培管理水平密切相关。因此，有效地防治病虫害、减少化肥使用和增施有机肥、适时适当地修剪和疏花疏果是目前提高鲜果品质较为有效的技术措施。

（四）生产的社会化

生产社会化是栽培规模扩大和集约化经营的必然要求。随着生产经营规模的不断扩大，独家独户完成大面积果园的栽培管理全过程越发困难，必然对一些大宗作业的社会化服务，如生产资料供应、机耕、施肥喷药、采收包装、技术咨询和信息服务等产生需求。同时，随着栽培规模的扩展，必然导致产量的大幅度增长，催生了区域性的鲜果供应和配送中心，对生产过程的规范化和产品质量的标准化必然提出越来越高的要求。在专业化生产、区域化布局、产供销一体化的基础上，将形成生产者、销售者和社会化服务有机结合的产业联盟或松散联合的专业合作社。

（五）果树种类的多样化和优良品种的规模扩张

果树种类的多样化主要体现在两个方面：一是在注重主流水果的同时，也关注小品种水果的发展，形成多样化果树栽培的格局；二是重视同一种类内部的品种多样化，形成不同采收期、不同特性和不同市场定位的品种的合理搭配。此外，20世纪60年代以来，随着果树集约化栽培的兴起和鲜果商品化程度的提高，不同国家、地区之间果树品种的贸易和交流导致相互引种日益频繁，使优良品种在世界范围内栽培成为可能。例如，猕猴桃品种"海沃德"是20世纪30年代在新西兰育成的，已经在世界上各猕猴桃产区广泛栽培，成为各地的一个重要的主流品种。类似的还有原产于广东的龙眼优良品种"石硖"和"储良"。

第三节　果树的一般分类法

一、根据果实进行分类

根据果实的结构和质地，可将果树分为以下6类。

（一）仁果类

这类果树有梨、枇杷和石榴等。仁果类果树的果实中心有薄壁构成的若干种子室，室内含有种仁（种子），可食部分为果皮和果肉，主要由花托发育而来。仁果类的果实在植物学上称为假果，以便与由子房发育的果实相区别。

（二）核果类

这类果树，如桃、李、梅、橄榄和芒果等。该类果实供食用部分主要是中果皮，内果皮发育为坚硬的核，种子包在果核之内。

（三）浆果类

这类果树，如葡萄、杨桃、柿子、猕猴桃和番木瓜等。该类果实供食用部分柔软多汁，含水量高。

（四）坚果类

这类果树有板栗、银杏和椰子等。该类果实可食用部分一般被一层坚硬的壳包裹。

（五）柑果类

这类果树有橘、橙、柚和柠檬等。其果实供食用部分是瓤瓣，由内果皮发育而来。

（六）聚复果类

这类果树有桑果树、草莓、菠萝、树菠萝和番荔枝等。该类果实由花托膨大形成，从解剖结构上看，由许多小果聚合而成。

此外，还有荔果类果树（如荔枝和龙眼）和荚果类果树（如酸豆和苹婆）。

二、根据生物学特性进行分类

根据果树的株形，可将果树分为乔木果树（如梨、银杏和板栗等）、灌木果树（如番荔枝、余甘和石榴等）、藤本果树（如葡萄、猕猴桃、西番莲等）和草本果树（如草莓、香蕉、菠萝等）。

根据果树生长发育特性，可将果树分为落叶果树（如桃、板栗、银杏、猕猴桃、西番莲等）和常绿果树（如柑橘、荔枝、龙眼、枇杷、杨梅等）。

此外，还可根据植物学的系统分类法进行分类，如裸子植物银杏科的银杏，被子植物猕猴桃科的中华猕猴桃、美味猕猴桃和毛花猕猴桃等，被子植物蔷薇科的桃、李、梨、枇杷和草莓等，芭蕉科的香蕉、粉蕉和大蕉。总的来说，我国果树植物资源中仅有少数作商业化栽培，大部分属正在开发或目前尚未加以利用，或只作砧木和育种的原始材料。

第二章 育苗技术

果树育苗是繁殖、培育优质果树苗木的技术。苗木是果树生产的基础。果树育苗的最终目标是培育纯正、生长健壮、根系发达、无检疫对象及其他病虫害的品种和砧木的优良苗木。果树苗木从繁殖材料和方法可分为实生苗、自根苗、嫁接苗；从砧木特性上可分为乔化苗、矮化苗，其中，矮化苗又分为矮化自根砧苗和矮化中间砧苗。各种果树的育苗技术不完全相同，但主要繁殖方法有两大类：一类是有性繁殖，利用种子培育实生苗；另一类是无性繁殖，就是以果树营养器官为繁殖材料培育果苗，因此又称营养繁殖，如嫁接苗、扦插苗、压条、分株法、组培苗即属此类。由于无性繁殖没有果树生产上的童期阶段，有利于早果丰产和提高果实的产量和品质，因此在生产上应用较为普遍。

第一节 苗圃建立

一、育苗方式

根据育苗设施不同，果树育苗包括露地育苗、保护地育苗、容器育苗、试管育苗等方式。

（一）露地育苗

露地育苗是指果苗整个培育过程或大部分培育过程都是在露地进行的育苗方式。通常设立苗圃培育苗木，也可采用坐地育苗，在园地直接育苗建园，这是生产上广泛应用的常规育苗方式。

1. 圃地育苗

圃地育苗是将繁殖材料置于苗床中培育成苗。对于小批量和短期性自用苗木的生产，可在拟建园地的就近选择合适地块，建立小面积临时性苗圃培育苗木。对于大批量和长期性商品苗木的生产，应建立专业化的大型苗圃培育苗木。

2. 坐地育苗

坐地育苗是将繁殖材料直接置于园地的定植穴内，长成果树，把育苗工作置于果园建立之中。

（二）保护地育苗

保护地育苗就是利用保护设施对环境条件（温度、湿度、光照等）进行有效控制，促进苗木生长发育，提早或延迟生长，培育优质壮苗。保护地设施有多种类型，常见的有以下六种。

1. 温床

在苗床表土下15~25cm处设置热源提升地温。如利用电热线、酿热物（骡、马、羊、牛粪或麦糠）、火炕等，建立温床，提高基质温度，对扦插苗的促根培养极为有利。

2. 温室

通常采用普通日光温室，室内的温度、湿度、光照、通气等环境条件与露地大不相同，而且能根据苗木的需要进行人为控制。这种设施可促进种子提早萌发，出苗整齐，生长迅速，发育健壮，延长生长期，有利于快速繁殖。

3. 塑料拱棚

用细竹竿或薄木片等在床面插设小拱架，覆盖塑料薄膜，建成塑料小拱棚。利用薄膜和日光增加棚内温度，一般气温可维持在25℃左右，配合铺设地膜，可提高地温。塑料拱棚已在生产上广泛应用。

4. 地膜覆盖

地膜覆盖就是用塑料薄膜覆盖在苗床上。一般以深色薄膜覆盖较好。这种育苗方式可促进插穗生根，提高扦插成活率。

5. 荫棚

就是在苗床上设置棚架，架顶覆盖遮阳网或苇箔、竹箔、席片等遮阴材料。荫棚主要在生长季遮阴，能避免强光直射，防止幼苗失水或灼伤。

6. 弥雾

利用弥雾装置，在喷雾条件下培育苗木。常用的有电子叶全光自动间歇喷雾（通过特制的感湿软件——电子叶、微信息电路及执行部件，控制间歇喷雾）和悬臂式全光喷雾（主要组成部分包括喷水动力、自控仪、支架、悬臂和喷头）两种类型。弥雾育苗是近几年推广应用的快速育苗新技术，主要用于嫩枝扦插育苗。

（三）容器育苗

容器育苗就是在容器中装入配置好的基质进行育苗的方法。应用于集约化育苗、组织培养生根苗入土前的过渡培养、葡萄的快速育苗及稀有珍贵苗木的扦插繁殖。容器类型包括纸袋、塑料薄膜袋、塑料钵、瓦盆、泥炭盆、蜂窝式纸杯等。播种和移栽组织培养苗，容器直径5~6cm，高8~10cm；扦插育苗直径6~10cm，高15~20cm。容器育苗的基质或营养土可单一使用，也可混合使用。播种宜用园土、粪肥、河沙等的混合材料，扦插繁殖和组胚苗的过渡培养，多单用蛭石、珍珠岩、炭化砻糠、河沙、煤渣等通气好的材料，不混用有机质和肥料。而泥炭是理想的培养基质，尿醛泡沫塑料是容器育苗的新型基质材料。

营养土配制的原则是因地制宜，就地取材。对营养土的要求是蓄水保墒、通气良好、重量轻、化学性质稳定、不带草种、害虫和病原体。其具体配方有：①泥、土、腐熟有机肥各1份；②泥炭土50%，蛭石30%，珍珠岩20%，再加适量的腐熟人畜粪尿；③淤泥、泥炭土、河沙各等份，再加适量的饼肥和过磷酸钙。将培养土装入容器容量的95%，排放整齐，浇水。待水渗下后，播种、覆土。覆土厚度视种子大小而定，一般为种子直径的1~3倍。容器育苗能否成功，关键是能够有效控制温湿度。苗木生长适温为18~28℃，空气相对湿度为80%~95%，土壤水分保持在田间持水量的80%左右。幼苗长到4~5片真叶时，再根据是否充分形成根系团确定移栽。移栽时如果是纸钵，直接栽到地下即可。如果是塑料钵，可先将底部打开，待栽到地下后，再将塑料袋抽出。

（四）试管育苗

试管育苗又称组织培养育苗，是指在人工配置的无菌培养基中，使植物离体组织细胞培养成完整植株的繁殖方法。因最常用的培养容器多为试管，故又称试管育苗。试管育苗根据所用材料可分为茎尖培养、茎段培养、叶片培养和胚培养等。试管育苗在果树生产上主要用于快速繁殖自根苗，脱除病毒，培养无病毒苗木，繁殖和保存无籽果实的珍贵果树良种，多胚性品种未成熟胚的早期离体培养，胚乳多倍体和单倍体育种等。

该种育苗方式繁殖速度快，经济效益高，占地空间小，不受季节限制，便于工厂化生产，但对技术要求比较高。

在苗木生产过程中，常将各种方式组合，形成最优化生产。如在保护地育苗中可同时采用日光温室、温床、遮阳网及容器育苗等多种方式。

二、苗圃

苗圃是提供优质苗木的场所，也是探索植物繁殖新方法、改进育苗技术的试验基地。通常所说的苗圃是指露地苗圃。

（一）苗圃地选择

1. 地点

规模较大、长期育苗的专业苗圃，应选择交通方便的地方；规模较小、临时性的苗圃，应选择在需要苗木的中心。但工厂和交通主干道附近不宜选做苗圃地。

2. 地势

苗圃地的土壤宜选择背风向阳、排水良好、地势较高、地形平坦开阔的地方。坡地育苗应选坡度在3°以下的地方，对于坡度较大的应修筑梯田。地下水位在1.5m以上的低洼地、光照不足的山谷地均不宜做苗圃地。

3. 土壤

苗圃地的土壤以土层深厚而疏松肥沃、中性或微酸性的沙壤土、壤土为宜。过于黏重、沙化的土壤均不宜做苗圃地。黏重土、沙土或盐碱化较重的地块，必须进行改良才能用作苗圃地。

淘汰的老果园不宜做育苗地，前茬育过苗的地不宜连作，特别是繁殖同一种苗木，至少需要间隔2~3年。

4. 水源

苗圃地应具备良好的水源，随时保证水分供应，并且水分应符合有关要求。所需要的灌溉用水，尽量利用河流、湖泊、池塘、水库的水源，但苗圃地不宜离这些水源过近，如无，则应选择地下水丰富，可以打井灌溉的地方作苗圃。

5. 气候

气候包括温度、雨量、光照、霜期及自然灾害等。应考虑其对苗木生长有无较大影响，如冬季严寒的情况下应采取防寒措施或建立保护地设施等。

6. 病虫害

苗圃地应尽量选在无病虫害和鸟兽害的地方。附近不要有能传染病菌的苗木，远离成龄果园；不能有病虫害的中间寄主，如成片的松柏、刺槐等；常年种植马铃薯、茄科和十字花科蔬菜的土地，不宜选作苗圃地。

（二）苗圃地的规划

小型苗圃面积比较小，一般在 $2hm^2$ 以下，育苗种类和数量比较少，可不进行区划，而以畦为单位，分别培育不同树种、品种的苗木。较大型苗圃面积在 $2hm^2$ 以上，应搞好规划设计工作。苗圃地的规划应根据育苗的性质、任务、苗木种类，结合当地的气候条件、地形、土壤等资料分析论证，周密考虑。本着经济利用土地、便于生产和管理的原则，合理分配生产用地和非生产用地，划分必要的功能园区。现代化专业性苗圃应包括母本园和繁殖区两部分；苗圃土地规划包括育苗用地和非育苗用地。繁殖育苗地一般占60%。

1. 繁殖区

繁殖区也称育苗圃，是苗圃规划的主要内容，应选最好的地块。根据所培育苗木的种类可将繁殖区分为实生苗培育区、自根苗培育区和嫁接苗培育区。根据树种可分区为苹果育苗区、梨育苗区、桃育苗区和葡萄扦插区等。也可相同苗木、相同苗龄的苗木集中管理。各育苗区最好结合地形采用长方形划分，一般长度不短于100m，宽度为长度的1/3~1/2。繁殖区必须实行轮作，同一树种一般要种2~3年其他作物后再育苗，但不同种类可短些。

2. 母本园

母本园是生产繁殖材料的圃地。繁殖材料是指用作育苗的种子、接穗、芽、插穗（条）、根等。母本园包括品种母本园、无病毒采穗圃和砧木母本园等。品种母本园主要任务是提供繁殖苗木所需要的接穗和插条，它包括两种类型。一是在科研单位建立的现代化原种母本园和一级、二级品种母本园，其中母本繁殖材料可向生产单位提供，建立低一级的品种母本园。二是生产单位在品种纯度高、环境条件好、无检疫对象的果园，去杂去劣，高接换头，进一步提高品种纯度，改造建成母本园。建立无病毒采穗圃，应从国家或省级无病毒园引进苗木，进行隔离栽植，要求采穗圃距现有果园3km以上。未种植过果树的，与普通果树或苗木的隔离带至少50m，栽植密度行距3m以上，株距2m以上。砧木母本园是生产砧木种子或营养系繁殖材料的园区。

3. 配套设施

配套设施就是非育苗用地。它包括道路、排灌系统、房屋及其他建筑物等。规划路的宽窄以苗圃面积和使用交通工具的种类而定。规划路的同时，应统一安排灌溉和排水系统、房屋及其他建筑物。这些应本着便于管理、节省开支、少占耕地的原则安排。

第二节　嫁接苗培育

嫁接是指将一植株的枝或芽移接到另一植株的枝、干或根上，接口愈合形成一个新植株的技术。嫁接包括接穗（芽）和砧木两部分。接穗与接芽是指用作嫁接的枝与芽；而砧木是指承受接穗或接芽的部分。

一、嫁接苗的特点和利用

（一）特点

嫁接苗能保持栽培品种的优良性状，很快进入结果期。繁殖系数高。利用砧木可增强果树的抗性、适应性，扩大栽植区域；调节树势，使树冠矮化、紧凑，便于树冠管理。可经济利用接穗，大量繁殖苗木，克服某些用其他方法不易繁殖的困难，是果树生产上主要的育苗方法。

（二）利用

嫁接苗在生产上大量用作果苗，主要树种大多用嫁接苗生产果实。对于用扦插、分株不易繁殖的树种、品种和无核品种常用嫁接繁殖。果树育种上可用于保存营养系变异，使杂种苗提早结果。高接换头，繁殖接穗等材料，建立母本园，生产上更新品种。

二、影响嫁接成活的因素

（一）嫁接亲和力

嫁接亲和力指砧木和接穗的亲和力，是决定嫁接成活的主要因素。具体指砧木和接穗形成层密接后能否愈合成活和正常生长结果的能力。砧木接穗能结合成活,并能长期正常地生长结实,达到经济生产目的,这是亲和力良好的表现。如果嫁接虽然成活,但表现生长发育异常,或者虽然结果,而无经济价值,或生长结果一段时间后,植株死亡,这是嫁接不亲和或亲和力不强的表现。亲和力与植物亲缘关系远近有关。一般亲缘关系愈近,亲和力愈强,愈易成活;同种、同品种亲和力强;同属异种,亲和力较强;同科异属,亲和力较弱;不同科亲和力差,嫁接不成活。果树砧穗嫁接不亲和表现见图2-1。

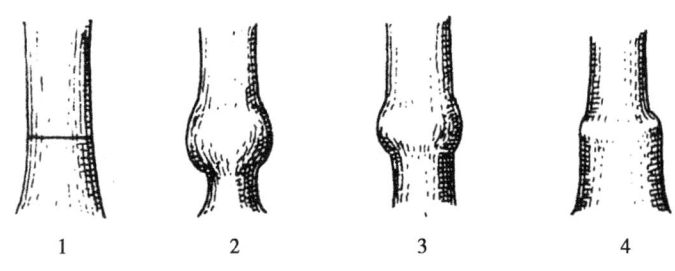

图2-1 嫁接不亲和的表现

1. 嫁接愈合正常 2. 小脚 3. 肿瘤 4. 大

(二) 生理与生化特性

一般接穗芽眼在休眠状态下,砧木处于休眠状态或刚萌芽状态,任何方法的嫁接都易成活;砧木生理活动过旺时,用不去顶的腹接法嫁接最好;砧穗双方形成层活动旺盛,应用芽接法嫁接。根压大的果树,如葡萄、核桃、猕猴桃等春季易产生伤流,宜在夏秋芽接或绿枝接;桃、杏等果树易产生流胶,一般在8月下旬以前嫁接。柿子、核桃、板栗等果树,伤口易形成单宁氧化膜,嫁接成活率比较低。因此,应选择适宜的嫁接时期、相应的嫁接方法并提高嫁接速度,可促进成活。

（三）营养条件

营养条件指砧木和接穗的营养状况。砧木生长健壮、发育充实、粗度适宜、无病虫害的苗，嫁接成活率高，接穗（芽）萌发早，生长快，生长不良的细弱砧木苗，嫁接操作困难，成活率低。接穗应选用生长良好、营养充足、木质化程度高、芽体饱满、保持新鲜的枝条。在同一枝条上，应利用中间充实部位的芽或枝段进行嫁接。质量较差的梢部芽不宜使用，枝条基部的瘪芽亦不宜使用。

（四）极性

嫁接时，必须保持砧木与接穗极性顺序的一致性，也就是接穗的基端（下端）与砧木的顶端（上端）对接，芽接也要顺应极性方向，顺序不能颠倒，这样才能愈合良好，正常生长。否则将违反植物生长的极性规律而无法成活或成活后不能正常生长。

（五）环境条件

嫁接成活与温度、湿度、光照、空气等环境条件有关。一般气温在20～25℃，接穗含水量50%左右，嫁接口相对湿度在95%～100%，土壤湿度相当于田间持水量的60%～80%，嫁接伤口采用塑料薄膜条包扎。嫁接后套塑料袋，有利于嫁接成活。在夏秋季嫁接，苗圃遮阴降温会提高嫁接成活率。低温、高温、干旱、阴雨天气都不利于嫁接成活。

（六）嫁接技术

嫁接技术包括不同树种的最适宜嫁接时期和嫁接方法的选择、操作者的操作水平等。嫁接可全年进行，但芽接最适宜的嫁接时期为6—10月，枝接最适宜的嫁接时期为春秋两季。嫁接过程要严格按照技术要求进行操作,其关键是砧木和接穗削面要平整光滑,形成层对齐密接,绑扎严紧,操作过程迅速准确。

三、砧木和接穗的相互影响

(一)接穗对砧木的影响

接穗影响砧根系分布的深度、根系的生长高峰及根系的抗逆性。还可影响根系中营养物质的含量及酶的活性。进而影响嫁接树的生长、结果、果实品质以及树冠部分的抗性、适应性等方面。

(二)砧木对接穗的影响

砧木对接穗的影响主要表现在5个方面:①嫁接树树冠的大小。若接穗嫁接在乔化砧上,树体高大;而嫁接在矮化砧上,则树体表现矮小。②影响嫁接树的长势、枝形及树形。与乔化砧相比,接穗嫁接在矮化砧上,树体长势缓和,枝条加粗、缩短,长枝减少,短枝增加,树冠开张,干性削弱。③影响嫁接树的结果习性。同一品种嫁接在不同砧木上,始果年限可提早或推迟1~3年,果个、色泽、可溶性固形物含量等均有所差异。④影响嫁接树的抗逆性。用山定子为砧木嫁接苹果树,其抗寒能力大大增强,但耐盐碱能力减弱,在稍稍偏碱的地方易发生黄叶病。葡萄在绝大部分地区栽培自根苗即可,但在东北地区应采用抗寒砧木的嫁接苗以提高其耐寒性。⑤影响嫁接树的寿命。嫁接树的接穗大都来自发育成熟的大树上,没有实生树的"童期"阶段,其寿命比实生树寿命短。同一品种嫁接在乔化砧上,寿命长,而嫁接在矮化砧上寿命短。

(三) 中间砧对接穗和砧木的影响

中间砧是嵌入接穗和砧木之间的一段茎干，它对上部（树冠）及下部（基砧）都有一定影响。具体表现为两方面：一是中间砧对接穗的影响非常明显。苹果矮化中间砧能使树体矮化。矮化程度与中间砧成正比，一般 15~20cm 以上才有明显的矮化作用，中间砧越长，矮化性越强。外观表现为短枝率增加，提早结果，提高品质。二是中间砧对基砧的影响也很大。苹果矮化中间砧对基砧根系的生长控制力极强，如果中间砧深栽，大量生根之后逐步可替代基砧，使其缓慢萎缩。

砧木和接穗的相互影响是生理性的，不能遗传，当二者分离后，影响就会消失。

四、砧木

(一) 砧木的分类

砧木可以是整株果树，也可是树体的根段或枝段。砧木有多种分类法。按繁殖方法分为实生砧和自根（无性系）砧。实生砧是指实生繁殖的砧木；自根（无性系）砧指自根繁殖的砧木。按照来源分为野生砧或半野生砧和共砧或本砧，野生砧或半野生砧是指利用野生近源植物或半栽培种的材料作为砧木；共砧或本砧是指利用栽培品种实生苗作为砧木。按照利用方式分为基砧和中间砧，基砧是指连同根系用作砧木；中间砧是指只用一段枝条嵌在基砧与接穗之间。矮化中间砧是中间砧的一种特殊类型，是指中间砧为矮化砧。按照对接穗的影响分为乔化砧、矮化砧和半矮化砧。按照抗性和适应性分，对不良环境条件或某些病虫害具有良好适应能力或抵抗能力的砧木，称为抗性砧木，如抗寒砧木、抗根瘤蚜砧木、抗线虫砧木等。

（二）砧木选择利用

果树砧木种类很多，各地又有各自适宜的树种。选择砧木应考虑以下条件：一是与栽培品种有良好的嫁接亲和力，对接穗的生长结果有良好的影响；二是对栽培地区的环境条件有良好的适应性，对病虫害抵抗力强；三是砧木的种苗来源丰富，且容易繁殖；四是具有特殊需要的性状，如乔化、矮化、抗病虫、耐寒冷、耐盐碱或耐干旱等；五是根系发达，固地性好。

果树砧木种类很多，各地都有适宜的树种。砧木区域化的原则是因地制宜，适地适栽，就地取材，育种和引种相结合，经过长期试验比较确定当地适宜的砧木种类。在砧木的选用上，应就地取材，适当引种。引种砧木应对其特性有充分的了解或先行试验，观察其各方面的性能，表现良好的再大量引进推广。

五、砧木苗培育

（一）种子采集

1. 母树选择

母树选择最好在采种母本园内进行。无母本园时，在野生母树体或散生母树上选择。选类型纯正、生长健壮、结果良好、无病虫危害的壮年母树。

2. 适时采收

根据种子的成熟度适时采收。未成熟的种子不能采用。判断种子是否成熟，应根据果实和种子的外部形态确定。若果实呈现应有的成熟色泽，则种仁充实饱满；种皮色泽深而富有光泽，说明种子已成熟。

（二）种子层积和播前处理

1. 种子层积

种子层积就是将取种后生命力强的种子与湿润基质混合或分层相间放置，在适宜的条件下，使种子完成后熟，解除休眠的措施。由于所用基质多为河沙，故也称沙藏。基质也可采用蛭石、珍珠岩、泥炭等材料。开始层积时间可根据果树种子完成后熟所需天数和当地春季播种时间决定。

种子层积处理一般多采用露地坑藏。具体方法是：选地形较高、排水良好的背阴处，挖一东西向的层积坑，坑的深度为 60~120cm（东北寒冷地区深度 100~120cm，华北中原地区为 60~100cm），宽度 80~120cm，长度随种子数量而定。层积前，先在坑底铺一层 5~10cm 厚的洁净湿沙，沙的含水量 50% 左右，以手握成团但不滴水为度。层积种子先用清水浸泡 1~3d，每日换水并搅拌 1~2 次。坑中间相隔 60cm 插一小草把。然后一层种子一层湿沙相间堆放，也可将种子与湿沙混合堆放。混合堆放时，小粒种子河沙用量为种子体积的 3~5 倍，大粒种子为 5~10 倍，种子与沙一直堆放至离地面 10~30cm（视当地冻土层而异，冻土深则厚，反之则薄），上覆湿沙与地面持平，盖上一层草后，再用土堆盖成屋脊形，坑四周挖好排水沟。少量种子可用塑料编织袋，装入与湿沙混合后种子，扎封袋口，埋入土堆或沙堆之中。也可用木箱或瓦盆等容器沙藏处理。将装有沙藏的容器埋在室外土内，或在室内、窖内堆放。记载好层积种子的名称、数量和日期，并上下翻动；如沙子变干，应适当洒水；发现霉烂种子及时挑出；春季气温上升时，注意种子萌动情况。如距离播种期较远而种子已萌动，应立即将其转移到冷凉处；若已接近播种期，种子尚未萌动，可白天揭开坑上覆土，盖上塑料薄膜增温，夜间加盖草帘保温。

2. 播前处理

沙藏未萌动或未经沙藏处理的种子，播种前应进行浸种催芽处理。对中小粒种子常用温水浸种。具体方法是将种子放入40℃左右的温水中，不断搅拌，直至冷凉为止，然后放入清水中浸泡2~3d（每天换水1~2次）后，捞出种子，混以湿沙，平摊在塑料拱棚、温室大棚，或用地热装置，控温在20~25℃，加盖草帘，保湿保温，每天用30~40℃的温水冲洒1~2次。当有20%~30%的种子露出白尖时，进行播种。

（三）土壤管理

土壤管理主要包括防治病虫害的土壤处理、施入基肥、整地作畦等任务。

1. 土壤消毒

在整地时，对土壤进行处理。一般用50%多菌灵可湿性粉剂600倍液、70%甲基托布津可湿性粉剂1 000倍液或50%福美双可湿性粉剂600倍液，每667m^2地表喷布5~6kg，可防治烂芽、立枯、猝倒、根腐等病害。地下害虫中，蛴螬、地老虎、蝼蛄、金针虫可用50%辛硫磷乳油300mL拌土25~30kg，撒施于667m^2地表，然后耕翻入土。缺铁土壤，每667m^2施入硫酸亚铁10~15kg，以防苗木黄化病的发生。

2. 施入基肥

基肥应在整地前施入，亦可作畦后施入畦内，翻入土壤。每667m^2施腐熟有机肥2 500~4 000kg，同时混入过磷酸钙25kg、草木灰25kg，或混入复合肥、果树专用肥。

3. 整地作畦

苗圃地喷药、施肥后，深耕细耙土壤，耕翻25~30cm深，并清除影响种子发芽的杂草、残根、石块等障碍物。土壤经过耕翻平整后作平畦。一般畦宽 1m、长 10m 左右，畦埂 30cm，畦面应耕平整细。低洼地采用高畦苗床，畦面高出地面 15~20cm。畦四周开 25cm 深的沟。

（四）播种

1. 播种时期

播种分秋播和春播。秋播在秋末冬初土壤结冻之前进行。一般为 10 月下旬至 11 月中旬。在无灌溉条件的干旱地区及旱地采用秋播，但怕冻种子如板栗等不宜秋播。春播在土壤解冻后进行，一般在 3 月中旬至 4 月中旬。塑料拱棚、日光温室育苗播种时间比露地依次提前。冬季干旱、风大、严寒、鸟兽危害较重的地区宜采用春播，春播一般在立春开始，抢墒播种，并尽量缩短播种时间。

2. 播种量

播种量指单位土地面积的用种量。通常以每 $667m^2$ 用种量（kg）或每公顷用种量（kg）表示。播种量可根据树种、当地条件、播种方法、株行距等来确定。由计划育苗数量、每千克种籽粒数及种子质量包括种子发芽率和发芽势两部分计算出，具体计算公式是：

每 $667m^2$ 播种量（kg）= 每 $667m^2$ 计划出苗数（成苗出圃数）/每千克种籽粒数 × 种子发芽率（发芽种籽粒数占供试种子的百分数）× 种子纯度（不含杂质种子的重量占含杂质种子重量的百分数）

在生产中，实际播种量比理论计算值略高。各地可根据当地实际条件因地制宜的选择适合当地的播种量。

3. 播种方式

播种方式有大田直播和苗床密播两种。大田直播是将种子直接播种在嫁接圃内；苗床密播是将种子稠密地播种在苗床内，出苗后移栽到大田进行培养的方式。各地应根据当地劳力状况，选择适宜的播种方式。播种方法有撒播、点播和条播3种。撒播适用于小粒种子苗床密播。具体方法是：育苗前先做好苗床，床宽1.0~1.2m、长5~10m、深20cm，东西向设置。床低铲平、压实，撒一层草木灰，铺10cm厚的培养土，用木版刮平，并轻微镇压。播种前将层积的种子筛去沙子，浸种催芽，有50%以上露白时播种，先用水灌足苗床，待水渗下后，将种子均匀撒播在床面。种子撒播后，覆盖1cm厚的培养土或湿沙。然后在苗床上搭塑料小拱棚。大田直播多用条播，大、中、小粒种子都可采用。条播通常采用宽窄行播种。一般仁果类宽行50cm，窄行25cm，1m宽的畦播4行；核果类宽行60cm，窄行30cm，畦宽1.2m为宜。播时先按行距开沟，沟的深度以种子大小和土壤性质而定。大粒种子宜深，小粒种子宜浅；土壤疏松的应深，土壤黏重的要浅。沟开好后将种子撒在沟中，然后覆土。点播重要用于核桃、板栗、桃、杏等大粒种子。容器育苗小粒种子也多采用点播。大粒种子点播育苗，一般畦宽1m，每畦2~3行，株距15cm。将种子直接播下即可，但核桃种子要将种尖侧放，缝合线与地面保持垂直；板栗种子要平放。播种后覆土厚度一般为种子直径的1~3倍。

（五）播后管理

1. 覆盖

播种后，床面用作物秸秆、草类、树叶、芦苇等材料覆盖。覆盖厚度取决于播种期和当地气候条件，秋播宜厚，为5~10cm，春播宜薄，为2~3cm，干旱、风多、寒冷地区适当盖厚。在覆盖的草被上，点撒少量细土。当有20%~30%幼苗出土时，应逐渐撤除覆盖物。为防止环境突变对幼苗出土带来的不良影响，撤除覆盖物最好在阴天或傍晚进行，且应分 2~3 次揭除。

2. 浇水

种子萌发出土和幼苗期播种地必须保持湿润。种子萌发出土前后，忌大水漫灌，尤其中小粒种子。如果需要灌水，以渗灌、滴灌和喷灌方式为好。无条件者可用喷雾器喷水增墒。苗高 10cm 以上时，不同灌溉方式均可采用，但幼苗期漫灌时水流量不宜过大。生长期根据土壤墒情、苗木生长状况和天气情况，适时适量灌水，秋季控制肥水，越冬前灌足封冻水。

3. 间苗与移栽

间苗是把多余的苗拔掉，确定留量，使幼苗分布均匀、整齐、分散。间苗、定苗在幼苗长到 2~3 片真叶时进行。要做到早间苗，分期间苗，适时合理定苗。定苗距离小粒种子 10cm，大粒种子 15~20cm。间去小、弱、密、病、虫苗。间出的幼苗剔除病弱苗和损伤苗，其他幼苗移栽。移栽前 2~3d 灌水 1 次。移栽最好在阴天或傍晚进行，栽后立即浇水。首先补齐缺苗断垄的地方，然后将多余的苗栽入空地。

4. 防治病虫害

幼苗期注意立枯病、白粉病与地老虎、蛴螬、蝼蛄、金针虫、蚜虫等主要病虫害的防治。针对不同病虫害，喷布高效、低毒、低残留、易分解的农药。

5. 追肥

砧木苗在生长期（4—10 月）结合灌水进行土壤追肥 1~2 次。第 1 次追肥在 5—6 月，每 667m^2 施用尿素 8~10kg，第 2 次追肥在 7 月上中旬，每 667m^2 施复合肥 10~15kg。除土壤追肥外，结合防治病虫，进行叶面喷肥，生长前期（8 月中旬以前）

喷 0.3%~0.5% 的尿素；8 月中旬以后喷 0.5% 的磷酸二氢钾。或交替使用有机腐殖酸液肥、氨基酸复合肥等。

6. 中耕除草

苗木出土后及整个生长期，经常中耕锄草，保持土壤疏松无杂草状态。

六、接穗采集

（一）接穗选择

选择品种纯正、发育健壮、丰产、稳产、优质、无检疫对象和病毒病害的成年植株作采穗母树。一般剪取树冠外围生长充实、光洁、芽体饱满的发育枝或结果母枝作接穗，以枝条中段为宜。春季嫁接一般多用 1 年生枝，也可用越年生枝条，枣树可用 1~4 年生枝条做接穗；夏季嫁接用当年成熟的新梢，也可用贮藏的 1 年生枝或多年生枝，枣可利用贮存的枝条或采集树上未萌动的枝；秋季嫁接选用当年生长充实的春梢作接穗。无母本园时，应从经过鉴定的优良品种成年树上采取。

（二）采穗时间

北方落叶果树春季嫁接用的 1 年生枝，宜在休眠期剪取，有伤流习性的果树应在落叶后上冻前采集；夏、秋季嫁接用接穗随采随用。采穗时间宜在清晨和傍晚枝内含水量比较充足时剪取。

（三）采集后处理

剪去枝条上下两端芽眼不饱满的枝段，50~100 根成 1 捆，标明品种名称，存放备用。生长期的接穗采后立即剪去叶片，留下与芽相连的一段长 0.5~1.0cm 的叶柄，用湿布等包裹保湿。为防止病虫害，接穗应进行消毒。

七、嫁接

(一) 嫁接方法分类

按接穗利用情况分为芽接和枝接。按嫁接部位分为根接、根颈接、二重接、腹接、高接和桥接。根接是指以根段为砧木的嫁接方法；根颈接是指在植株根颈部位嫁接；二重接是指中间砧进行两次嫁接的方法；腹接是指在枝条的侧面斜切和插入接穗嫁接（芽接也大都在枝条的侧面进行）；高接是指利用原植株的树体骨架，在树冠部位换接其他品种的嫁接方法；桥接是利用一段枝或根，两端同时接在树体上，或将萌蘖接在树体上的方法。

按嫁接场所分圃接和掘接。圃接又叫低接，是指在圃地进行的嫁接；掘接是指将砧木掘起，在室内或其他场所进行的嫁接，如嫁接栽培的葡萄常先在室内枝接，然后再催根、扦插。

嫁接时，根据嫁接材料类型、嫁接部位、嫁接场所等综合运用嫁接方法。单芽切腹接，是以带有1个芽的一段枝为接穗，接口形式是切接，嫁接部位在砧木以上枝条的一侧。常用的嫁接方法是芽接和枝接。

(二) 嫁接时期

1. 春季

在砧木开始萌芽、皮层刚可剥离的3月、4月进行。多数果树在此时都能用枝条和带有木质的芽片嫁接。使用接穗必须处于尚未萌发状态，并在砧木大量萌芽前结束嫁接。

2. 初夏

5月中旬至6月上旬砧木和接穗皮层都剥离时进行芽接。桃、杏、李、樱桃、枣及扁桃等核果类果树嫁接时期亦在此时。

华北地区可在此时采集柿树1年生枝下部未萌发的芽,进行方形贴皮芽接。

3. 夏秋

在7—8月,日均温不低于15℃时进行芽接。我国中部和华北地区可持续到9月中下旬。接芽当年不萌发,翌年春季剪砧后培养成嫁接苗。

(三)嫁接用具及材料

1. 芽接用具与材料

芽接用具有修枝剪、芽接刀、磨刀石、小水桶,包扎材料常用宽1.0~1.5cm、长12~15cm的塑料薄膜条。

2. 枝接用具与材料

枝接用具有修枝剪、枝接刀、手锯、劈刀、镰刀、螺丝刀、磨刀石、小水桶、小铁锤;包扎材料采用塑料薄膜条(随砧木粗度,比芽接用条宽和长),或特制的嫁接专用胶带。

(四)芽接操作规程

1. 时间

嫁接没有严格的时期限制,条件适宜可随时进行。在保护地内嫁接可常年进行,露地芽接一般在接芽充分成熟,砧木苗干基部直径达0.6cm以上时进行。具体时期取决于嫁接方法。芽片接(T字形、工字形芽接)在砧木与接穗易离皮时进行;带木质芽接在春季萌芽前和生长季节内均可进行。但春季嫁接不能过早,秋季不能过晚,夏季温度过高(超过30℃)时也不宜嫁接。

2. 嫁接操作程序

(1)T形芽接。T形芽接又称"盾状"芽接,是芽接中应用最广的一种方法。多用于1年生小砧木苗上,在砧木与接穗易离皮时进行。①削芽片。一手握接穗,另一手持芽接刀,先在被取芽的上方 0.5~1.0cm 处横切一刀,深达木质部(切透皮层),宽度为接穗粗度的 1/3~1/2,再在芽的下方 1.0~1.5cm 处斜削入木质部,由浅入深向上推刀,直到纵刀口与横刀口相遇为止。用拿刀的手捏住接芽两侧,轻轻一掰,取下盾状芽片(图 2-2)。②切砧木。在砧木苗基部离地面 5cm 左右处,选择光滑无疤部位,用芽接刀切 T 字形切口,具体方法是:先横切一刀,宽 1cm 左右,再从横切口中央往下竖切一刀,长 1.5cm 左右,深度以切断皮层而不伤木质部为宜。③插芽片。用嫁接刀的刀柄尖把接口挑开,将芽片由上而下轻轻插入,使芽片上边与砧木横切口紧密相接(也有在横刀口中部用刀尖挑开砧木皮层,再将芽片由上而下轻轻插入),称为"一横一点"芽接法。④捆绑。用塑料条由上向下压茬缠绑严密,芽和叶柄外露(要求当年萌发)或不外露(来年萌发)均可。但伤口一定包扎严密捆绑紧固。

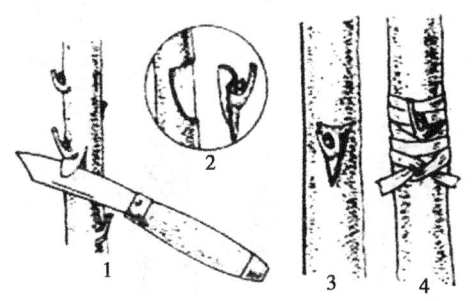

图 2-2 T 形芽接
1. 削接穗芽片;2. 取下的芽片;
3. 在切好砧木上插入芽片;4. 捆绑

（2）嵌芽接。嵌芽接又称带木质芽接，是在砧木和接穗都不离皮的春季采用的一种方法，其他时间也可进行，多用于高枝接，也可用于苗木嫁接，在生产上应用较为广泛（图2-3）。①削芽片。在接穗上选饱满芽，从芽上方1.0~1.2cm处向下斜削入木质部，可略带木质部，但不宜过厚，长约2cm，然后在芽下方1cm处呈30°斜切到第一刀口底部，取下带木质盾状芽片。②切砧木。在砧木离地面5cm处，选光滑无疤部位，先斜切一刀，再在其上方2cm处由上向下斜削入木质部，至下切口处相遇。砧木削面可比接芽稍长，但宽度应保持一致。③贴芽片。取掉砧木盾片，将接芽嵌入；砧木粗，削面宽时，可将一边形成层对齐。④包扎。用0.8~1.0cm塑料薄膜条由下往上压茬缠绑到接口上方，要求绑紧包严。

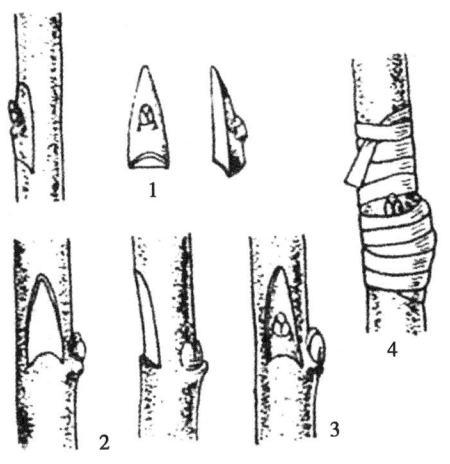

图2-3 嵌芽接

1. 削接芽；2. 削砧木；3. 嵌入接芽；4. 绑扎

（3）方形贴皮芽接。方形贴皮芽接在砧木与接穗都容易剥离皮层时进行。具体做法是在接穗枝条上切取不带木质部的方形皮芽,紧贴在砧木上芽片大小相同、去到皮层的方形切口(图2-4)。方形贴皮芽接刀可利用刮胡刀片自制。

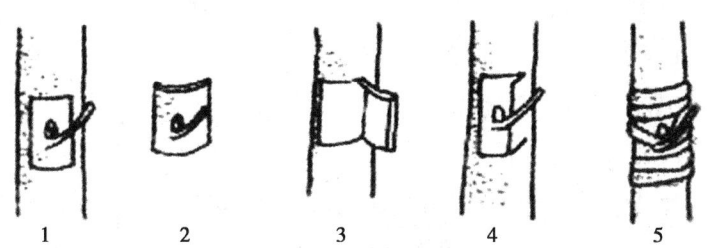

图2-4 方形贴皮芽接
1. 取接芽; 2. 接芽; 3. 砧木切接口; 4. 贴合接芽; 5. 绑扎

(4)"工"字形芽接。"工"字形芽接适用于较粗的砧木或皮层较厚、小芽片不易成活的果树种类,如核桃、板栗、葡萄等。其具体操作步骤如下。①削芽片。先在芽上和芽下各横切一刀,间距1.5~2.0cm,再在芽的左右两侧各竖切一刀,取下方块形芽片。②切砧木。按取下芽片等长距离,在砧木光滑部位上下各横切一刀,然后在两横切口之间竖切一刀。③贴芽片与包扎。将砧木切口皮层向左右挑开,俗称双开门,迅速将方块芽片装入,紧贴木质部,包严绑紧。

(5)套芽接。套芽接也称环状芽接、管状芽接,适用于小芽片,易发生伤流,不易成活的核桃、板栗、柿等树种,其具体方法是:①削芽片。先在被取芽上方1cm处将接穗剪断,然后在芽下方1cm处环切一圈,深达木质部。轻轻扭转,使韧皮部与木质部分离,从上端抽出,成一管状芽套筒。②切砧木。选择与接芽套筒粗度接近的砧木,在光滑顺直部位剪断,从剪口处向下竖切3刀,深达木质部,将皮层剥开。③贴芽片与包扎。砧木皮层剥开后，随即将芽筒套上，慢慢向下推至上口平齐，再将砧木皮层向上拢合包裹芽套，包严绑紧。

无论采用哪种芽接方法，成活率和速度都是衡量芽接技术的两个主要指标。一般情况下，一个熟练的技术工人每天可芽接 800~1 000 株，且成活率在 99% 以上。

（五）枝接操作规程

1. 枝接时间

硬枝嫁接在春季树液开始流动的 3 月、4 月进行，在接穗保存良好、尚未萌发时，嫁接可延续到砧木展叶后，一般在砧木大量萌芽前结束。葡萄、猕猴桃等伤流严重的树种，适当推迟到伤流期结束时进行。而嫩枝嫁接则在生长期（4—10 月）进行。

2. 枝接操作程序

（1）劈接。劈接又称割接，适用于较粗砧木。在靠近地面处劈接，又叫"土接"。劈接常用于苹果、核桃、板栗、枣等，是果树生产上应用广泛的一种枝接方法，在春季树液流动至发芽前均可进行。①削接穗。将采下的穗条去掉上端不成熟和下端芽体不饱满的部分，按 5~7cm 长，3~4 个芽剪成一段作为接穗，然后将枝条下端削成 2~3cm 长、外宽内窄的斜面，削面以上留 2~3 个芽，并于顶端第一个芽的上方 0.5cm 处削光滑平面。削面光滑、平整（图 2-5）。②劈砧木。先将砧木从嫁接口处剪（锯）断，修平茬口。然后在砧木断面中央切一垂直切口，长约 3cm 以上。砧木较粗时，劈口可位于断面 1/3 处。③插接穗。首先将切口用刀锲入木质部撬开，把接穗厚的一面朝外，薄的一面朝内插入砧木垂直切口，要求砧木与形成层对齐，但不要将接穗全部插入砧木切口内，削面上端露出切面

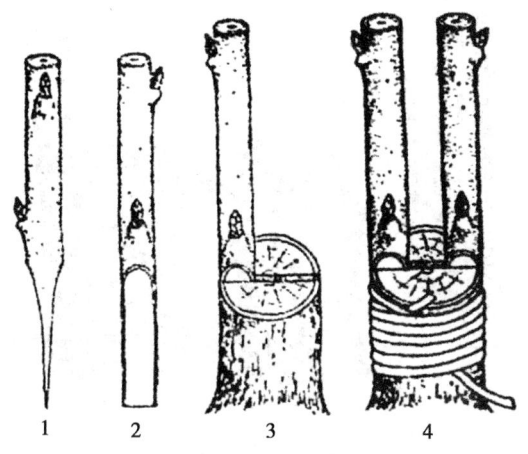

图 2-5　劈接

1. 接穗削面侧视；2. 接穗削面正视；3. 插入接穗；4. 绑扎

0.3~0.5cm（俗称露白）。砧木较粗时，在劈口两端各插入1个接穗。④捆绑。将砧木断面和接口用塑料薄膜条缠绑严密。较粗砧木要用薄膜方块覆盖伤口，或罩套塑料袋。

（2）切接（图2-6）。切接适用于直径1~2cm的砧木，可用于苹果、桃、核桃、板栗等树种的嫁接。①削接穗。在接穗下端先削1个3cm左右的长削面，削掉1/3木质部，再在长削面背后削1个1cm左右的短削面。两斜面都要光滑。②劈砧木。将砧木从距离地面5cm处剪断，选平整光滑的一侧，从断面1/3处劈一垂直切口，长约3cm。③插接穗。将接穗的长削面向里，短削面向外，插入砧木切口，使两者形成层对准、靠紧，接穗较细时，保证一边的形成层对准。④包扎。将嫁接处用塑料条包扎绑紧即可。

（3）皮下接（图2-7）。皮下接就是插皮接，为枣树上应

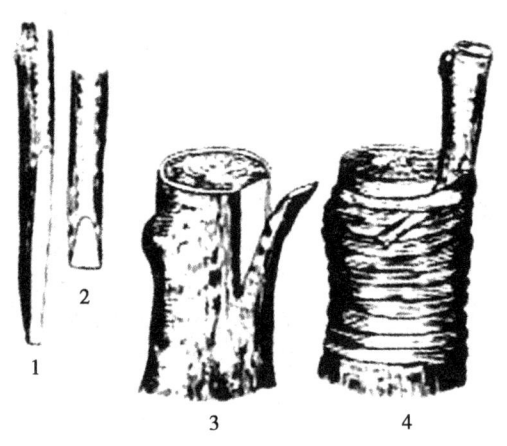

图 2-6　切接法

1，2. 接穗的长削面和短削面；3. 切开砧木；4. 绑缚

用较多的一种嫁接方法，也适用于苹果、山楂、李、杏、柿等树种，是在砧木离皮而接穗不离皮时使用的一种方法，如接穗离皮时也可采用。在此基础上，又发展成插皮舌接和插皮腹接等方法。①削接穗。剪一段带 2~4 个芽的接穗。在接穗下端斜削 1 个长约 3cm 的长削面，再在长削面背后尖端削 1 个长 0.3~0.5cm 的短削面，并将长削面背后两侧皮层削去少量，但不伤木质部。②劈砧木。先将砧木近地面处光滑无疤部位剪断，削平剪口，然后在砧木皮层光滑的一侧纵切 1 刀，长约 2cm，不伤木质部。③插接穗。用刀尖将砧木纵切口皮层向两边拨开。将接穗长削面向内，紧贴木质部插入。长削面上端应在砧木平断面之上外露 0.3~0.5cm，使接穗保持垂直，接触紧密。④包扎。将嫁接处用塑料条包严绑紧即可。

（4）插皮舌接（图 2-8）。插皮舌接适用于皮层较厚的树种，如苹果、李、板栗等幼树及大树高接换优。在砧穗离皮时

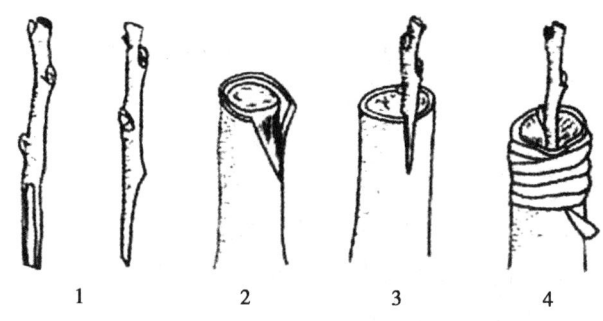

图 2-7 皮下枝接

1. 削接穗；2. 切砧撬皮；3. 插入接穗；4. 绑扎

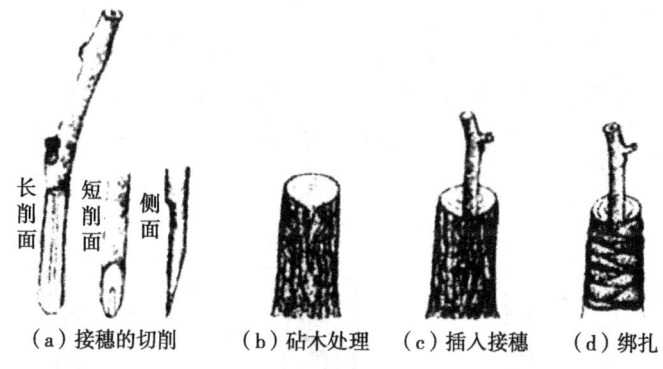

图 2-8 插皮舌接

进行嫁接。①削接穗。先在接穗枝条下端斜削一刀，使削面呈 3~5cm 长的马耳形斜面，再在削面上留 2~3 个饱满芽，并于最上芽的上方约 0.5cm 处剪断，使接穗长 10cm 左右。②砧木处理。幼树嫁接，可在离地面 30~80cm 处剪断砧木；大树高接换优，可在主干、主枝或侧枝的适当部位锯断，锯口用镰刀削平，然后选砧木皮光滑的一面用刀轻轻削去老粗皮，露出嫩皮，削面长5~7cm、宽2~3cm。③插接穗与捆绑。插接穗前先用手捏开接穗马耳形削面下端的皮层，使皮层和木质部分离，然后将接穗木质部插入砧木切面的木质部和韧皮部之间，并将接穗的皮层紧贴砧木皮层上削好的嫩皮部分，再用塑料薄膜条绑扎紧实。

（5）腹接（图2-9）。腹接也称腰接，是一种不切断砧木的枝接法，多用于改换良种，或在高接换头时增加换头数量，或在树冠内部的残缺部位填补空间，或在一株树上嫁接授粉品种的枝条等。①削接穗。在接穗下端先削1个长3~4cm的斜面，再在其背后削1个2cm左右的短削面，呈斜楔形。②劈砧木。在砧木离地面5cm左右处，选光滑部位，用刀呈30°斜切一刀，呈倒"V"字形。普通腹接可将切口深入木质部；皮下腹接时，应只将木质部以外的皮层切成倒"V"字形，并将皮层剥离。③插接穗与包扎。普通腹接应轻轻掰开砧木斜切口，将

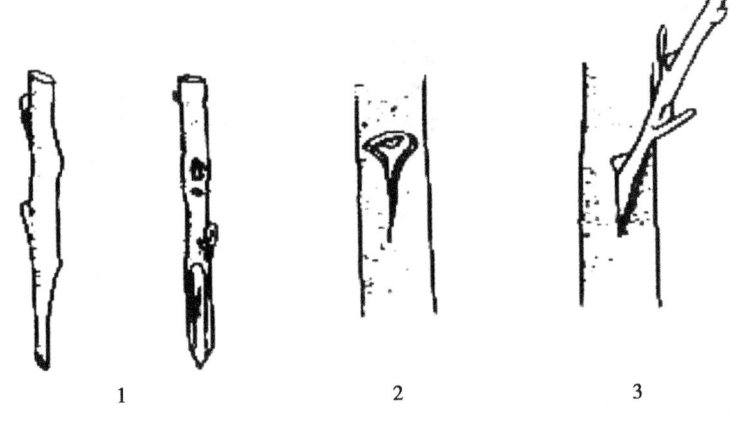

图2-9 皮下腹接法

1. 削接穗；2. 切砧木撬皮；3. 插入接穗

接穗长面向里，短面向外斜插入砧木切口，对准形成层，如切口宽度不一致，应保证一侧的形成层对齐密接；皮下腹接，接穗的斜削面应全部插入砧木切口面和砧木木质部外面，最后用塑料条绑紧包严即可。

（六）嫁接后管理

1. 检查成活

芽接后 10~15d 检查成活。凡接芽新鲜，叶柄一触即落时，表明芽已接活；如果芽片萎缩，颜色发黑，叶柄干枯不易脱落，则未成活。枝接一般需 1 个月左右才能判断是否成活。如果接穗新鲜，伤口愈合良好，芽已萌动，表明已枝接成活。

2. 补接

芽接苗一般在检查成活时做出标记，然后立即安排进行。秋季芽接苗在剪砧时细致检查，发现漏补苗木，暂不剪砧，在萌芽前采用带木质芽接或枝接补齐。枝接后的补接要提前贮存好接穗。补接时将原接口重新落茬。

3. 解绑

芽接通常在嫁接 20d 后解除捆绑，秋季芽接稍晚的可推迟到来年春季发芽前解绑。解绑的方法是在接芽相反部位用刀划断绑缚物，随手揭除。枝接在接穗发枝并进入旺盛生长后解除捆绑，或先松绑后解绑，效果更好。

4. 剪砧

剪砧是在芽接成活后，剪除接芽以上的砧木部分。秋季芽接苗在第 2 年春季萌芽前剪砧。7 月以前嫁接，需要接芽及时萌发的，应在接后 3d 剪砧，要求接芽下必须保持 10 个左右营养叶。或在嫁接后折砧，15~20d 剪砧。剪砧时，剪刀刃应迎向接芽一面，在芽面以上 0.3~0.5cm 处下剪，剪口向接芽背面稍微下斜，伤口涂抹封剪油。

5. 抹芽除萌

芽接苗剪砧后，应及时抹除砧木上长出的萌蘖，并且要多次进行。枝接苗砧木上长出的许多萌蘖也要及时抹除。接穗如果同时萌发出几个嫩梢，仅留1个生长健壮的新梢培养，其余萌芽和嫩梢全部抹除。

6. 土肥水管理

春季剪砧后及时追肥、灌水。一般每667m^2追施尿素10kg左右。结合施肥进行春灌，并锄地松土。5月中下旬苗木旺长期，再追施尿素10kg或N、P、K三元复合肥10~15kg。施肥后灌水。结合喷药每次加0.3%的尿素。7月以后控制肥、水供应，叶面喷施0.5%的磷酸二氢钾3~4次，间隔15~20d。

八、果苗矮化中间砧二年出圃技术

果苗矮化中间砧是经过两次嫁接而成，采用常规技术育苗需3年才能出圃。生产上为降低成本、加快育苗进度，可采用2年出圃技术，即第1年春播培育乔砧实生苗；7—9月芽接矮化砧；第2年春季萌芽前剪砧，6月中下旬芽接栽培品种；接后3~10d剪砧；秋后成苗出圃。具体技术要点是：

1. 壮砧培育

育苗地选在平整、疏松、肥沃处。首先施足基肥，精细整地。秋播或早秋播种，加强土肥水管理，使砧木苗7—8月达到嫁接标准。第2年春季萌芽前剪去砧木顶端比较细的部分，加强管理，使矮化砧苗6月中旬高度达到50cm以上，苗高30cm处直径达0.5cm以上。

2. 嫁接要及时

实生砧苗第1年嫁接矮化砧必须在9月中旬以前将未嫁接

活的苗补齐。第 2 年 6 月中旬在矮化砧苗上芽接栽培品种，最迟 6 月底以前接完。嫁接采用带木质露芽接。在操作中尽量保护好接口以下矮化砧苗上的叶片。

3. 剪砧要及时

栽培品种芽接 3d 后剪砧，或接后立即折砧，15~20d 剪砧。剪口涂封剪油，25d 后解绑。

4. 加强肥、水管理

播种前每 667m^2 施优质农家肥 5 000kg；砧苗高 10cm 左右时开沟施尿素 5kg；6 月上旬结合灌水追复合肥 10~15kg。第 2 年春季剪砧后，结合灌催芽水，每 667m^2 施尿素 10~15kg；栽培品种嫁接前后每 667m^2 施 N、P、K 三元复合肥 10~15kg。同时加强根外追肥。栽培品种接芽初萌发时，在嫁接前 10d 左右喷 0.3%~0.5% 硫酸亚铁溶液，每隔 10d 喷 1 次，连喷 3~4 次，防治黄化病的发生。

5. 覆盖地膜

覆盖地膜在第 2 年春季剪砧、追肥、灌水和松土后进行，将接芽露出，地膜拉展覆盖地表，周围用土压实。

第三节　扦插苗培育

一、扦插苗及类型

扦插是指将果树部分营养器官插入土壤（基质）中，使其生根、萌芽、抽枝，成为新的植株的方法。扦插可在露地进行，也可在保护地内进行，亦可二者结合。根据所用器官不同，扦插可分为根插、枝插和芽（叶）插。枝插又根据枝条成熟程度分为硬枝扦插和绿枝扦插。

(一) 根插

根插就是用根段进行扦插繁殖。凡根上能形成不定芽的树种都可采用根插育苗。如山楂、苹果、梨、枣、柿、李等。根插繁殖主要用于培养砧木。繁殖材料可结合秋季掘苗和移栽时收集，或者搜集野生和深翻果园挖断的根系。选直径 0.3~1.5cm 的根，剪成长 10cm 左右的根段，并带有须根。

(二) 硬枝扦插

硬枝扦插就是利用已完全木质化的枝条进行扦插。此法应用最广，凡容易萌发不定根的树种均可采用。如葡萄、石榴、无花果等。

(三) 绿枝扦插

绿枝扦插又称嫩枝扦插，是利用当年生半木质化带叶绿枝在生长期进行扦插。对生根较难的树种（山楂、猕猴桃等）或硬枝扦插材料不足时，可采用绿枝扦插。

二、影响扦插成活因素

(一) 内部因素

1. 树种与品种

果树种类与品种不同，其再生能力强弱不同。葡萄、石榴、无花果的再生能力强，而苹果、桃等果树再生能力弱。同一树种，枝和根的再生能力也不同。葡萄枝条容易发生不定根，而根系不易萌发不定芽，因此，常用枝插而不用根插；枣、柿、苹果等则相反，根插易生枝，而枝插不易生根。同一树种不同品种的再生能力也表现不同。

2. 树龄、枝龄和枝条部位

幼树和壮年母树的枝条，扦插成活率高，生长良好。一般枝龄越小，再生能力越强。大多数树种 1 年生枝的再生能力强，2 年生枝次之，2 年生以上枝条再生能力明显减弱。西洋樱桃采用喷雾嫩枝插时，梢尖部分作插条比新梢基部作插条的成活率高。

3. 营养物质

插条发育充实，木质化程度高，营养物质含量高，则再生能力强。通常枝条中部扦插成活率高；枝条基部扦插成活率次之，枝条梢部扦插不易成活。

4. 植物生长调节剂

不同类型生长调节剂如生长素（IAA）、细胞分裂素（CTK）、脱落酸（NAA）等对根的分化有影响。IAA 对植物茎的生长、根的形成和形成层细胞的分裂都有促进作用。IAA、IBA，NAA 都有促进不定根形成的作用。CTK 在无菌培养基上对根插有促进不定芽形成的作用。ABA 在矮化砧 M26 扦插时有促进生根的作用。一般凡含有植物激素较多的树种，扦插都较易生根。在生产上，对插条用生长调节剂（如 IBA 或 ABT 生根粉等）处理可促进生根。

5. 维生素

已知维生素 B_1 是无菌培养基中促进外植体生根所必需的营养物质。维生素 B_1、维生素 B_2、维生素 B_6 和维生素 C 以及烟碱在生根中是必需的。维生素和生长素混合用，对促进生根有良好效果。

无论硬枝扦插或绿枝扦插，凡是插条带芽或叶片的，其扦插生根成活率都比不带芽或叶片的插条生根成活率高。

（二）外部条件

1. 温度

温度包括气温和土壤温度。白天气温 21~25℃，夜间约

15℃时有利于硬枝扦插或压条生根。北方由于春季气温升高快于土温，因此解决春季插条成活的关键是采取措施提高土壤温度，使插条先发根后发芽。插条生根适宜土温为15~20℃或略高于平均气温3~5℃。但各树种插条生根对温度要求不同，如葡萄在20~25℃的土温条件下发根最好，而中国樱桃则以15℃为最适宜。

2. 湿度

扦插湿度包括土壤湿度和空气湿度。土壤湿度在田间最大持水量的50%~60%为宜。空气湿度在80%以上。补充湿度采用洒水或喷灌的方式灌水，有条件的地方进行喷雾。

3. 氧气

扦插基质中的氧气保持在15%以上时，对生根有利，葡萄达到21%时生根最有利。应避免土壤中水分过多，造成氧气不足。

4. 光照

弱光照条件有利于扦插成活，在强光条件下扦插的枝条极易出现失水干枯死亡现象。在扦插时，应避免强光直射，常用草帘、遮阳网等搭棚遮阴。在绿枝扦插时，有条件时，最好采用全光照喷雾育苗。

5. 土壤

土壤质地的好坏直接影响扦插成活率。扦插地应选择结构疏松、通气良好、保水性强的沙质壤土。一般生产上常采用珍珠岩、泥炭、蛭石、谷壳灰、炉渣灰等作扦插基质。

（三）促进生根的方法

对生根较难的树种和品种，在扦插前20~25d进行催根处理，具体催根方法有介绍如下。

1. 机械损伤

（1）剥皮对枝条木栓组织比较发达的果树，如葡萄中对发根较难的树种和品种，扦插前将表皮木栓层剥去，对促进发根有良好促进作用。

（2）纵刻伤加大插条下端斜面伤口，并在伤口背面和上部纵刻 3~5 条 5~6cm 的伤口，深达形成层，以见到绿皮为度。

（3）环状剥皮在枝条某部位剥去一圈皮层，宽 3~5mm。压条繁殖前在枝条上环剥或在采插条前 15~20d 对欲作插条的枝梢环剥，待环剥伤口长出愈伤组织而未完全愈合时剪下扦插。

2. 加温处理

加温处理也叫催根处理，是在早春扦插所采取的一项催根技术。生产上常用的增温处理方式有温床、电热加温或火炕等。在热源上铺一层湿沙或锯末，厚 3~5cm，将插条基部用生根药剂处理后，下端弄整齐，捆成小捆，直立埋入铺垫基质中，捆间用湿沙或锯末填充，顶芽外露。插条基部温度保持 20~25℃，气温控制在 8~10℃。经常喷水，保持适宜的湿度。经 3~4 周后，在萌芽前定植于苗圃。

3. 激素处理

激素处理就是植物生长调节剂处理。对不易生根的树种、品种，采用人工合成的生长素处理插条。常用的植物生长激素有 IBA、IAA、ABT 生根粉等。处理方法有液剂浸渍和粉剂蘸沾。液剂浸渍所用浓度一般为 5~100mg/kg，嫩枝为 5~25mg/kg，硬枝为 25~100mg/kg，将插条基部浸泡 12~24h；也可用 1 000mg/kg 蘸 5~10s。粉剂蘸沾就是插穗基部用清水浸湿，然后蘸粉。具体方法是：用滑石粉作稀释填充剂，稀释浓度为 500~2 000mg/kg，混合 2~3h 后即可使用。有些营养物质如蔗糖、果糖、葡萄糖等溶液，与生长素配合使用，有利于生根。

4. 黄化处理

黄化处理就是对插条进行黑暗处理。一般常用培土、罩黑色纸袋等方法使插条黄化。在新梢生长初期用黑布或黑纸等包裹基部，使枝条黄化，皮层增厚，薄壁细胞增多。黄化处理时间必须在扦插前3周进行。

5. 化学药剂处理

用高锰酸钾、硼酸等0.1%~0.5%溶液，浸泡插条基部数小时至24h，或用蔗糖、维生素B_{12}浸泡插条基部，对促进生根有明显的效果。

三、扦插生产技术

（一）硬枝扦插

硬枝扦插以春季为主，是生产中常用的一种方法。

1. 插条的采集与贮藏

落叶果树插条一般结合冬剪采集。在晚秋或初冬采后贮藏在湿沙中，也可在春季萌芽前，随采随插。葡萄须在伤流前采集。枝条要求充实，芽饱满，无病虫害。贮藏时，将枝条剪成50~100cm长，50~100根捆成1捆，标明品种、采集日期，湿沙贮于窖内或沟内，贮温1~5℃，湿度10%。

2. 扦插时间

在春季发芽前，大约在3月下旬，15~20cm深土层地温达10℃以上时为宜。

3. 插条处理

冬藏后的枝条用清水浸泡1d后，剪成20cm左右、有1~4个芽的插条，节间长的树种多用单芽或双芽插条。坐地育苗建园的葡萄和枣可剪成长50cm，而枣须有10cm长的2年生枝。

插条上端剪口在芽上距芽尖0.5~1.0cm处剪平,下端在芽下0.5~1.0cm处剪成马耳形斜面。剪口要平滑,在扦插前进行催根处理。

4. 整地、作畦垄、扦插

根据地势作成高畦或平畦,畦宽1m,扦插2~3行,株距15cm;行距60~80cm;土壤黏重,湿度大时可起垄扦插,行距60cm,株距10~15cm。

5. 扦插方式、方法

扦插方式有直插和斜插。单芽插穗直插,长插穗斜插。扦插时,开沟放条或直接将条插入土中。直插时顶端侧芽向上,填土压实;斜插时插条向南倾斜10°左右,顶芽向北稍露出地面。灌足水,水渗下后再薄覆一层细土。覆盖地膜时将顶芽露在膜上。干旱、风多、寒冷的地区插后培土2cm左右,覆盖顶芽,芽萌发时扒开覆土(图2-10);气候温和湿润的地区,插穗上端可露出1~2个芽。

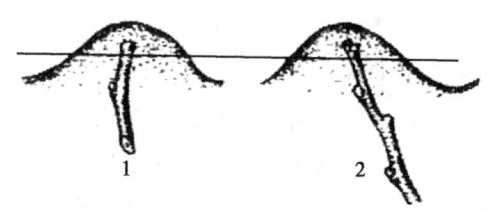

图2-10 硬枝扦插
1. 短插条直插;2. 长插条斜插

6. 扦插后管理

(1)灌水抹芽。发芽前保持一定的温度和湿度。土壤缺墒时适当灌水。但不宜频繁灌溉。灌溉或下雨后,及时松土除草。成活后一般只保留1个新梢,其余及时抹去。

（2）追肥。生长期（4~10月）追肥1~2次。第1次在5月下旬至6月上旬。每667m²施入人粪尿10~15kg；第2次在7月下旬，每667m²施入复合肥15kg，并加强叶面喷肥，生长前期（4~6月）间隔20d叶面喷施0.2%~0.3%尿素，后期（7~10月）间隔15d叶面喷施0.3%~0.5%磷酸二氢钾。

（3）绑梢摘心。葡萄扦插育苗，每株应插立1根2~3m长的细竹竿，或设立支柱，横拉铁丝，适时绑梢，牵引苗木直立生长。如果不生产接穗，在新梢长到80~100cm时摘心。

（4）病虫害防治。注意防治病虫，具体防治方法同前。

（二）绿枝扦插

绿枝扦插又名嫩枝扦插，是利用当年生半木质化的新梢在生长期进行扦插。适用于山楂、猕猴桃等较难发根树种的育苗。

1. 扦插时间

扦插时间在生长季。为提高成活率，保障当年形成一段发育充实的苗干，一般在6月底以前进行，最好不晚于麦收后。

2. 插条采集与处理

选生长健壮的幼年母树，在早晨或阴天采集当年生尚未木质化或半木质化的粗壮枝条。将采下的嫩枝剪成长5~20cm的枝段。上剪口于芽上1cm左右处剪平，要求剪口平滑；下剪口稍斜或平。为减少蒸腾耗水，除上端留1~2片叶，其余叶片全部除去，大叶型还要将叶片剪去1/2。插条下端用IBA、IAA、ABT生根粉等处理，使用浓度一般为25mg/kg，浸12~24h。

3. 扦插技术

绿枝扦插宜选用河沙、蛭石等通透性能好的材料作基质。

一般先在温室或塑料大棚等处集中培养生根，然后移至大田继续培育。将插条按一定株行距插入整好的苗床内,适当密植,一般株距15cm,行距50cm。采用直插,插入部分约为穗长的2/3(图2-11)。插后灌足水。

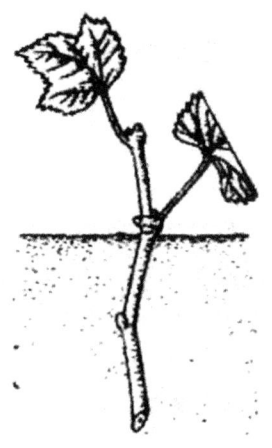

图2-11 绿枝扦插

4.扦插后管理

绿枝扦插后要立即搭建遮阴设施,避免强光直射。勤喷水或浇水,保持空气湿度达到饱和,勿使叶片萎蔫。生根后逐渐增加光照,温度过高(超过30℃)时喷水降温,并及时排除多余水分。有条件者利用全光照自动间歇喷雾设备。

(三)根插

根插就是利用根段进行扦插。凡根上易形成不定芽、易生根蘖的树种李、柿、核桃、山楂、樱桃等都能扦插成活。根插材料一般结合秋季掘苗和移栽时收集。根插条粗0.4~1.5cm,可全段扦插,也可剪成长5~8cm或10~15cm的根段,并带有须根。上口平剪,下口斜剪,根段直插或斜插,切勿倒插。根插材料一般冬季进行湿藏，春季进行露地扦插，也可春季随采随插。扦插时间、方法和插后管理同硬枝扦插。但应注意防寒防旱。

第四节　压条育苗和分株育苗

一、压条育苗

压条育苗是在枝条与母株不分离状态下，将其压入土中或包埋于生根介质中，使其生根后，与母株剪断脱离，成为独立植株的技术。该方法多用于扦插生根困难的树种。一般按压条所处位置分为地面压条和空中压条，其中，地面压条又分为直立压条、水平压条和曲枝压条等。

（一）直立压条

直立压条又称培土压条，主要用于发枝力强、枝条硬度较大的树种，如苹果和梨的矮化砧、石榴、樱桃、李和无花果等果树。具体方法是：冬季或早春将母株枝条距地面15cm左右（2次枝仅留基部2cm）剪断，施肥灌水，促其萌发新梢。待新梢长到20cm以上时，在其基部纵伤或环割，深达木质部。进行第1次培土，促进生根。培土高度8~10cm，宽约25cm。新梢长至40cm左右时，进行第2次培土，两次培土总高约30cm，宽40cm，注意踏实。每次培土前先灌水，保持土壤湿润。一般20d左右开始生根。冬剪或翌春扒开土堆，将新生植株从基部剪下，就成为压条苗。剪完后对母株立即覆土。翌春萌芽前扒开土，重复上述方法进行压条繁殖。具体步骤见图2-12。

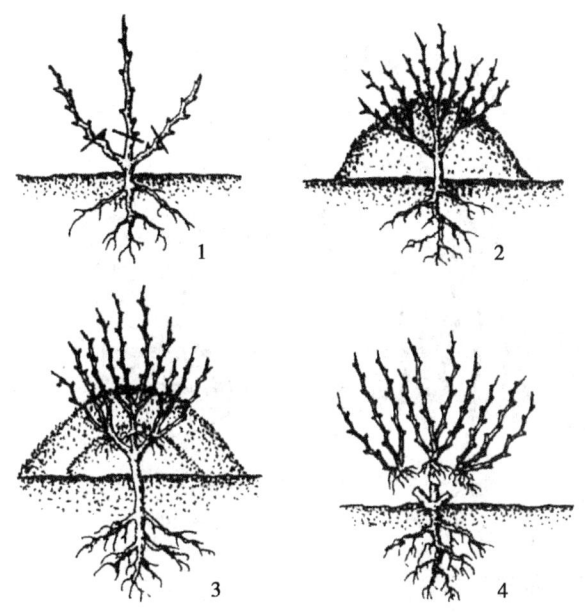

图2-12 直立压条

1. 短截促萌；2. 第一次培土；3. 第二次培土；4. 扒垄分株

（二）水平压条

水平压条又称开沟压条，适用于枝条柔软、扦插生根较难树种，如苹果矮化砧、葡萄等。具体方法是：早春发芽前，选择母株上离地面较近枝条，剪去梢部不充实部分。然后开5~10cm深的沟，将枝条水平压入沟中，用枝杈固定。待各节上芽萌发，新梢长至20~25cm且基部半木质化时，在节上刻伤。随新梢增高分次培土，使每一节位发生新根，秋季落叶后挖起，分节剪断移栽。具体步骤见图2-13。

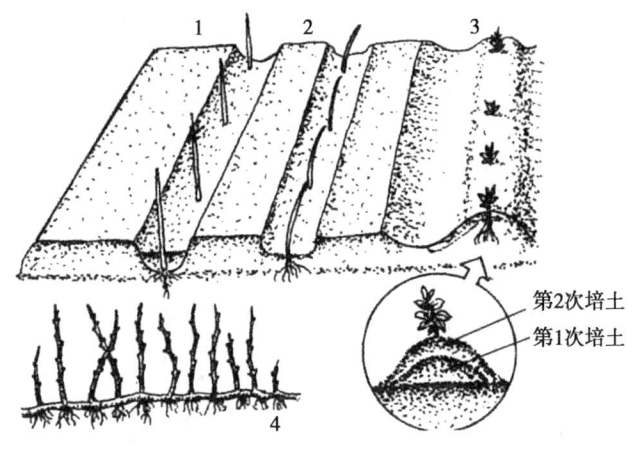

图 2-13 水平压条

1. 斜插；2. 压条；3. 培土；4. 分株

（三）曲枝压条

曲枝压条同样适用于枝条柔软、扦插生根较难的树种。在春季萌芽前或生长季新梢半木质化时进行。在压条植株上，选择靠近地面一二年生枝条，在其附近挖深、宽各为15~20cm沟穴，穴与母株距离以枝条中下部能弯曲压入穴内为宜。然后将枝条弯曲向下，靠在穴底，用沟状物固定，在弯曲处环剥。枝条顶部露出穴外。在枝条弯曲部分压土填平，使枝条入土部分生根，露在地面部分萌发新梢。秋末冬初将生根枝条与母株剪截分离。具体步骤见图 2-14。

（四）空中压条

空中压条在生长季都可进行，但以春季 4~5 月为宜。适用于木质较硬而不宜弯曲、部位较高而不宜埋土的枝条以及扦插生根较难的珍贵树种的繁殖。具体方法是：选择健壮直立的

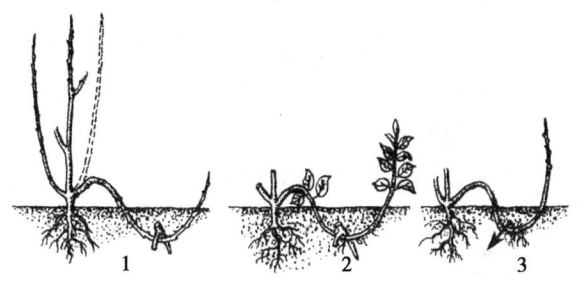

图2-14 曲枝压条
1. 萌芽前刻伤与曲枝；2. 压入部位生根；3. 分株

1~3年生枝，在其基部5~6cm处纵刻或环剥，剥口宽度2~4cm，在伤口处涂抹生长素或生根粉，再用塑料布或其他防水材料，卷成筒套在刻伤部位。先将套筒下端绑紧，筒内装入松软的保湿生根材料如苔藓、锯末和沙质壤土等，适量灌水，然后将套筒上端绑紧，具体见图2-15。其间，注意经常检查，补充水分保持湿润。一般压后2~3个月即可长出大量新根。生根后连同基质切离母体，假植于荫棚等设施内，待根系长大后定

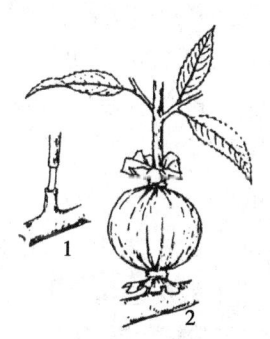

图2-15 空中压条
1. 被压枝条处理状；2. 包埋生根基质状

植。这种方法育苗成活率高、方法简单、容易掌握,但也存在繁殖系数低、对母体损伤大且大量繁殖苗木具有一定困难的缺点。生产上空中压条可作为快速培育盆栽果树的好途径;苹果、梨、葡萄等果树易形成花芽枝条,环剥或刻伤处理,促其生根,形成花芽,脱离母体后第2年便可开花结果。

二、分株育苗

分株育苗就是利用母株的根蘖、匍匐茎、吸芽等营养器官,在自然状况下生根后切离母体,培育成新植株的无性繁殖方法。这种繁殖方法因树种不同存在一定的差异。一般包括根蘖繁殖法、匍匐茎繁殖法和新茎、根状茎分株法。

(一)根蘖繁殖法

根蘖繁殖法适用于根部易发生根蘖的果树,如山楂、枣、樱桃、李、石榴、树莓、杜梨和海棠等。一般利用自然根蘖在休眠期栽植。具体方法是:在休眠期或萌芽前将母株树冠外围部分骨干根切断或刻伤,生长期加强肥水管理,促使根蘖苗多发旺长,到秋季或翌春分离归圃培养。按行距70~80cm、株距7~8cm栽植,栽后苗干截留20cm,并进行精细管理。新栽幼苗继续发生萌蘖,其中一些进行嫁接但不够嫁接标准的,次春再度分株移栽,继续繁殖砧苗。

(二)匍匐茎繁殖法

匍匐茎繁殖法适用于草莓等果树。草莓的匍匐茎在偶数节上发生叶簇和芽,下部生根接地扎入土中,长成幼苗,夏末秋初将幼苗与母株切断挖出栽植。

(三)新茎、根状茎分株法

新茎、根状茎分株法同样适用于草莓等果树。具体方法是:

草莓在浆果采收后，当地上部有新叶抽出，地下部有新根生长时，整株挖出，将一二年生根状茎、新茎、新茎分枝逐个分离成为单株定植。

分株育苗应选择优质、丰产、生长健壮的植株作为母株，雌雄异株树种应选雌株。分株时尽量少伤母株根系，合理疏留根蘖幼苗，同时加强肥水管理，促进母株健旺生长，保证分株苗质量。

第五节　无病毒果苗培育

病毒病害是指由病毒、类病毒、类菌质体和类立克氏体引起的病害。无病毒果苗是指经过脱毒处理和病毒检测，证明确已不带指定病毒的苗木。建立无病毒苗木繁育体系、健全去病毒检疫检验制度、培育无病毒原种、防止果苗带毒和人为传播是防治和克服果树病毒病危害的根本措施和唯一途径。

一、无病毒母树培育

培育无病毒苗木，首先要有无病毒母树。而无病毒母树主要通过脱毒的途径来获得，果树苗木主要脱毒途径有4种。

（一）茎尖组织培养脱毒

病毒侵入植物体后，并非所有的组织都带有病毒，在生长点附近的分生组织大多不含有病毒。茎尖组织培养脱毒就是对切取茎尖的微小无病毒部分（一般0.1～0.3mm）进行组织培养，从而获得无病毒的单株。其技术内容与规程是：

1. 培养基配制

培养基配制可参考其他组织培养技术手册进行。

2. 取材

取材在春季发芽时，取田间嫩梢，用70%酒精浸泡消毒0.5min，用0.1%升汞（氯化汞）液消毒10~15min，然后用无菌水冲洗3~5遍。

3. 接种培养

在经过消毒并冲洗干净的材料上，切下带有1~2个叶原基的生长点，长0.1~0.2mm，接种于培养基上培养。培养温度28~30℃，光照强度1 500~2 000lx，光照时间每天10h左右。

4. 继代培养

在初代培养基础上继代培养。方法是在无菌条件下切取茎尖产生的侧芽，接种到增殖培养基上培养。

5. 诱导生根

将增殖得到的芽或新梢移植到生根培养基上，经诱导生根培养，得到完整试管苗。

6. 移栽

移栽前将幼苗2~3d锻炼后，用水洗去培养基，移栽到装有腐殖质与沙（比例1∶1）的混合基质的塑料钵中，放在温室中生长10d左右后移栽于室外，按常规方法管理。成活后经病毒检测没有病毒后，便获得了茎尖组织培养的脱毒苗。

（二）热处理脱毒

热处理也叫温热疗法，是利用病毒和植物细胞对高温忍耐程度的差异，选择适当高于正常的温度处理染病植株，使植株体内的病毒部分全部失活，而植株本身仍然存活。将不含病毒的组织取下，培育成无病毒个体。苹果的具体脱毒步骤是：先将带毒的芽片嫁接在未经嫁接过的实生砧木上，成活后促进萌发，然后把萌发的植株放入（38±1）℃的恒温气内处理3~5

周。从经过热处理的植株上剪下正在生长的新梢顶端，长 1.0～1.5cm，嫁接在未经嫁接的砧木上，嫁接成活并生长到一定高度时，取一部分芽片接种在指示植物上进行病毒试验，确认无病毒后，作为无病毒母本树繁殖无病毒苗木。

（三）热处理结合茎尖培养脱毒

在单独使用热处理或单独使用茎尖培养脱毒都不奏效时使用热处理结合茎尖培养法脱毒。热处理可在茎尖离体之前的母株上进行，也可在茎尖培养期间进行。一般以前一种方法的处理效果较好。

（四）离体微尖嫁接法脱毒

离体微尖嫁接法脱毒是茎尖培养与嫁接方法相结合，用以获得无病毒苗木的一种技术。它是将 0.1～0.2mm 接穗茎尖嫁接到试管中的无菌实生砧苗上，继续进行试管培养，愈合成完整植株。

二、繁殖无病毒苗木要求

（一）获得无病毒原种材料后，要分级建立采穗用无病毒母本园。母本园应远离同一树种 2km 以上，最好栽植在防虫网设备的网室内。母本树应建立档案，定期进行病毒检测，一旦发现病毒，立即取消其母本树资格。

（二）繁殖无病毒苗木的单位或个人，必须填写申报表，经省级主管部门核准认定，并颁发无病毒苗木生产许可证。

（三）繁殖无病毒苗木的苗圃地，应选择地势平坦、土壤疏松、有灌溉条件的地块，同时也应远离同一树种 2km 以上，远离病毒寄主植物。

（四）繁殖无病毒苗木使用的种子、无性系砧木繁殖材料和接穗，必须采自无病毒母本园，附有无病毒母本园合格证。

（五）繁殖无病毒苗木的嫁接过程，必须在专业人员的监督指导下进行，且嫁接工具要专管专用。

（六）繁殖无病毒苗木，须经植物检疫机构检验，合格后签发无病毒苗木产地检疫合格证，并发给无病毒苗木标签，方可按无病毒苗木出售。

三、无病毒苗木培育

在苗圃中，用无病毒母株上的材料建立无毒材料繁殖区。利用繁殖区的无毒植株压条或剪取枝条扦插，培育无毒的自根苗。或在未经嫁接过的实生砧木上嫁接无毒品种，培育无毒的嫁接苗。繁殖区内的植株经过 5～10 年，要用无毒母本园保存的材料更新一次。

第三章 建立果园技术

第一节 园地选择

建立商品生产果园应选择生态条件良好，环境质量合格，并具有可持续生产能力的农业生态区域。生态条件良好就是坚持适地适栽的原则，在果树的生态最适宜区或适宜区选择园地，并从气候、土壤、地势、水源、社会经济条件等方面分析评价其优劣，从中选出最佳地段作为园址；环境质量合格是指园地的空气、土壤及农田灌溉水必须符合国家标准；具有可持续生产能力就是选择良好的环境条件，保护生态环境，采用无公害生产技术，实现优质、丰产、高效和永续利用的目标。

一、果园类型简介

果园应建在果树的生态最适宜区和适宜区。常见的类型有丘陵山地果园、一般平地果园、沙滩地及盐碱地果园等。生产上一般从气候、土壤、地势、水源、社会经济条件等方面分析评价各类园地的优劣，并以生态因素为主要依据。通常在地势平坦或坡度小于5°的缓坡地带最适合建园。具体要求是土层深厚、疏松肥沃、水土流失少、管理方便、环境质量符合绿色果品生产要求。

丘陵山地建园时，一要选择山麓地带和相对海拔在200~

500m的低位山带建园；二要充分利用丘陵山区的小气候带；三要考虑坡向和坡形的作用。通常南坡向阳，光照充足，昼夜温差大，建园果树产量高、品质好，但易发生霜冻、干旱及日烧。北坡与南坡相反，东坡与西坡的优缺点介于南坡和北坡之间。

一般平坦地建园，应选择地势开阔、地面平整、土层深厚、肥水充足、便于机械化管理和交通运输的地方。但在通风、光照、昼夜温差、控排水方面不如山地果园，果品品质如外观品质、可溶性固形物、风味和耐贮性方面比山地果园差。在选择园址时，关键要避开地下水位高的地段。

沙滩地、盐碱地及滨湖滨海地可选择部分宜林宜果地带，有针对性地采取措施改良土壤，提高肥力之后再建园。而重茬地建园必须彻底进行土壤改良。一般采用连续4~5年种植其他作物，尤其豆科作物或绿肥，并翻入土中。如在短时间内重茬建园，应采取全园土壤消毒或深翻、换土等方法。

二、果园环境标准

无公害果品是目前我国果树生产的基本要求。其核心内容是在果品生产、贮运过程中，通过严密监测、控制、防止农药残留、放射性物质、重金属、有害细菌等对果品生产及运销各个环节的污染，从而保证消费者的健康，并保持果园及其周围良好的生态环境。选择无污染的产地环境条件是生产无公害果品的基础，根据无公害果品产地环境条件标准及国家GB/T 18407.2—2001《农产品安全质量无公害水果产地环境要求》，果园环境标准主要包括空气环境质量、农田灌溉水质量和土壤环境质量三方面内容，这三方面的有关要求应达到国家有关标准。

第二节　果园规划基本程序与内容

一、建园调查与园地测绘

（一）建园调查

建园调查首先应进行社会调查与园地踏查。社会调查主要是了解当地经济发展状况、土地资源、劳力资源、产业结构、生产水平与果树区划等，在气象或农业主管部门查阅当地气象资料，采集各方信息。园地踏查主要是调查掌握规划区的地形、地势、水源、土壤状况和植被分布及园地小气候条件等。其次还要进行果品市场构成调查，包括拟发展果品目前市场的基本结构、消费需求、价格变动规律及中长期发展趋势预测，进而为确定良种果树提供依据。

（二）园地测绘

利用经纬仪或罗盘仪对规划区进行导线及碎部测量，达到规定精度要求，绘制成 1：(5 000～25 000) 的平面图。图中须标明地界、河流、村庄、道路、建筑物、池塘、耕地、荒地以及植被等，并计算面积。山地果园规划还应进行测量，绘制地形图。

二、总体规划设计

（一）小区的划分

小区也称作业区，是果园土壤耕作和栽培管理的基本单位。划分小区应根据果园面积、地形等情况进行，应使同一小区内的地势、土壤、气候条件等尽量可能保持一致。

平地果园小区面积以 4~8hm² 为宜；山坡与丘陵地果园小区面积 1~2hm² 即可；统一规划而分散承包经营的小果园，可不划分小区，以承包户为单位，划分成作业田块。

小区形状在平地果园应呈长方形，其长边尽量与当地主风方向垂直；山地果园小区的形状以带状为宜，或随特殊地形而定，其长边最好在同一等高线上。

大型果园进行土地规划时，各类用地比例为：果树栽培面积 80%~85%，防护林 5%~10%，道路 5%，房屋、包装场、水池、粪池等约占 5%。

（二）道路规划

果园道路的布局应与栽植小区、排灌系统、防护林、贮运及生活设施相协调。在合理便捷的前提下尽量缩短距离。面积在 8hm² 以上的果园，即大型果园应设置干路、支路、小路。干路应与附近公路相接，园内与办公区、生活区、贮藏转运场所相连，并尽可能贯穿全园。干路路面宽 6~8m，能保证汽车或大型拖拉机对开；支路连接干路和小路，贯穿于各小区之间，路面宽 4~5m，便于耕作机具或机动车通行；小路是小区内为了便于管理而设置的作业道路，路面宽 1~3m，也可根据需要临时设置。对于中小型果园园内仅规划支路和小路。

（三）灌排系统

灌排系统包括灌溉系统和排水系统。灌溉系统灌溉方式有沟灌、喷灌、滴灌和渗灌等。不同的灌溉方式在设计要求、工程造价、占用土地、节水功能及灌溉效应等方面差异很大，规划时应根据具体情况而定。排水系统因地形不同，所采取的排水方式也不同。平地果园排水方式主要有明沟排水与暗沟排水两种。明沟排水系统主要由园外或贯穿于园内的排水干沟、区间的排水支沟和小区内的排水沟组成。各级排水沟相互连接，干沟的末端有出水口。小区内的排水小沟一般深50~80cm；排水支沟深100cm左右；排水干沟深120~150cm，使地下水位降到100~120cm以下。盐碱地果园各级排水沟应适当加深。暗沟排水是在地下埋设瓦管管道或石砾、竹筒、秸秆等其他材料构成排水系统。暗沟设置的深度、沟距与土壤的关系见表3-1。

表3-1 暗沟深度与土壤的关系

土壤	沼泽土	沙壤土	黏壤土	黏土
暗沟深度	1.25~1.5	1.1~1.8	1.1~1.5	1.0~1.2
暗沟间距	15~30	15~35	10~25	8~12

山地果园主要是考虑排除山洪。其排水系统包括拦洪沟、排水沟和背沟等。拦洪沟是在果园上方沿等高线设置的一条较深的沟。可将上部山坡的洪水拦截并导入排水沟或蓄水池中。其规格应根据果园上部集水面积与最大降水强度时的流量而定，一般宽度和深度为1.0~1.5m，比降0.3%~0.5%，并在适当位置修建蓄水池，使排水与蓄水结合进行。山地果园排水沟设在集水线上，方向与等高线相交，汇集梯田背沟排出的水而排出园外。排水沟宽50~80cm，深80~100cm。在梯田内修筑背沟（也称集水沟），沟宽30~40cm，深20~30cm，保持0.3%~0.5%的比降，使梯田表面的水流入背沟，再通过背沟导入排水沟。

（四）配套设施

果园内的各项生产、生活用的配套设施主要有管理用房、宿舍（农药、肥料、工具、机械库等）、果品贮藏库、包装场、晒场、机井、蓄水池、药池、沼气池、加工厂、饲养场和积肥场地等。通常管理用房建在果园中心位置；包装与堆贮场应设在交通方便相对适中的地方；贮藏库设在阴凉背风连接干路处；农药库设在安全的地方；配药池应设在水源方便处，饲养场应远离办公和生活区，山地果园的饲养场宜设在积肥、运肥方便的较高处。

（五）防护林的设置

果园防护林系统可调节果园的生态小气候，调节温、湿度平衡，减弱风力，减轻霜冻，为果树生长发育创造良好的生态环境。在没有建立农田防护林网的地区建园，应在建园之前或同时营造防护林。

防护林带的有效防风距离为树高的25~35倍，由主、副林带相互交织成网格。主林带是以防护主要有害风为主，其走向垂直于主要有害风的方向，若条件许可，交角在45以上也可，副林带则以防护来自其他方向的风为主，其走向与主林带垂直。在山谷坡地营造防风林时，主林带最好不要横贯谷地，谷地下部一段防风林，应稍偏向谷口，且采用透风林带。在谷地上部一段，防风林及其边缘林带应该是不透风林带，而与其平行的副林带应为网孔式林型。

防护林根据林带的结构和防风效应可分为紧密型林带、稀疏型林带、透风型林带等3种类型。紧密型林带由乔木、亚乔木、灌木组成，林带上下密闭，透风能力差，风速3~4m/s的气流很少透过，透风系数小于0.3，其防护距离较短，但在防护范围内的效果显著。稀疏型林带由乔木和灌木组成，林带松散稀疏，风速3~4m/s的气流可部分通过林带，方向不改变，透风系数0.3~0.5。背风面风速最小区出现在林高的3~5倍处。

透风型林带一般由乔木构成，林带下部（高 1.5~2.0m 处）有很大空隙透风，透风系数为 0.5~0.7。背风面最小风速区为林高的 5~10 倍处。

林带的树种应选择适合当地生长、与果树无共同病虫害、生长迅速的树种，同时防风效果好，具有一定的经济价值。林带由主要树种、辅佐树种及灌木组成。主要树种应选用速生高大的深根性乔木，如杨树、洋槐、水杉、榆、泡桐、沙枣、樟树等。辅佐树种可选用柳、枫、白蜡及部分果树和可供砧木用的树种，如山楂、山定子、海棠、杜梨、桑、文冠果等。灌木可选用紫穗槐、灌木柳、沙棘、白蜡条、桑条、柽柳及枸杞等。为增强果园防护作用，林带树种也可用花椒、皂角、玫瑰花等带刺树种。

一般果园的防护林以营造稀疏型或透风型为好。平地、沙滩地果园应营造防风固沙林。一般果园四周栽 2~4 行高大乔木，迎风面设置一条较宽的主林带，风向与主风向垂直。通常由 5~7 行树组成。主林带间距 300~400m。要与主林带垂直营造副林带，由 2~5 行树组成，带距 300~600m。主林带宽度以不超过 20m，副林带宽度不超过 10m 为宜。株行距乔木为 1.5m×2.0m，灌木为（0.5~0.75）m×2m，树龄大时适当间伐。林带距果树距离，北面应不小于 20~30m，南面为 10~15m。为不影响果树生长，应在果树和林带之间挖一条宽 60cm、深 80cm 的断根沟（可与排水沟结合用）。

（六）山地果园水土保持工程

山地果园水土保持工程主要有水平梯田、等高撩壕和鱼鳞坑 3 种形式。

水平梯田是山地水土保持的有效方法。在修筑水平梯田之前,先要进行等高测量,然后根据坡度和栽植行距设计梯田面的宽度。坡度小或栽植行距大,田面应宽些,反之,则可窄些。一般每台梯田只栽一行树者,梯田面宽度不应小于3m;栽两行树的不应小于5m。在修筑梯田时应先修梯壁。

等高撩壕简称撩壕,是在坡面上按等高线挖横向浅沟,将挖出的土堆在沟的外侧筑成土埂。果树栽在土埂外侧。撩壕只适宜在坡度为5°~10°且土层深厚平缓地段应用。撩壕前,选一坡度适中的坡面,由上而下拉一直线为基线,然后按果树栽植的行距,将基线分成若干段,并在各段的正中间打出基点,以基点为起点,按0.3%的比降向左右延伸,测出等高线,再取50~70cm距离,划出平行于等高线的两条线。撩壕时将两条平行线间的土挖出,堆在下坡方向,培成弧形宽埂。壕沟宽一般为50~70cm,深40cm左右,沟内每隔一定距离做一小坝。具体见图3-1。

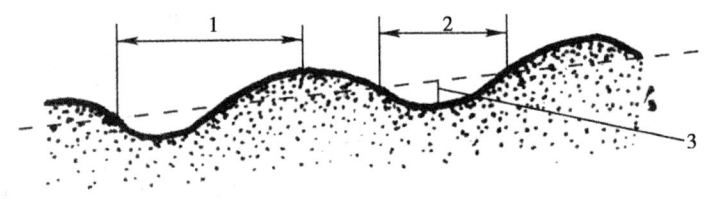

图3-1 等高撩壕
1. 等高线;2. 壕沟;3. 沟底

鱼鳞坑是一种面积极小的单株台田,由于其形似鱼鳞而得名。此法适用于坡度大、地形复杂、不易修筑梯田和撩壕的山坡。修鱼鳞坑时,先按等高原则定点,确定基线和中轴线,然后在中轴线上按株行距定出栽植点,并以栽植点为中心,由上部取土,修成外高内低半月形的小台田。具体见图3-2。

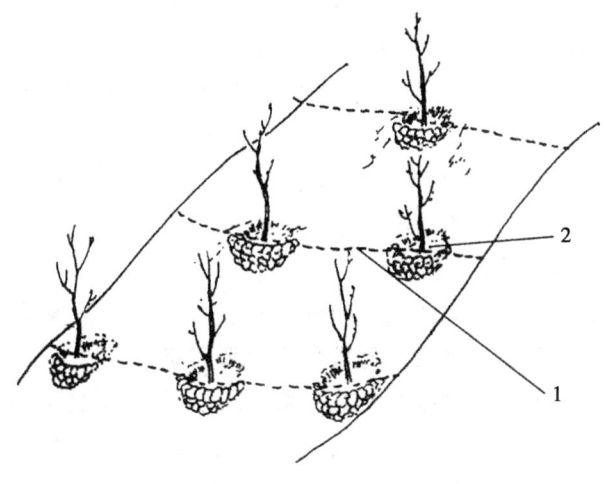

图 3-2 鱼鳞坑
1. 等高线；2. 鱼鳞坑

（七）树种与品种选择

建园选择树种、品种时要注意 3 点：一是选择具有独特经济性状的优良品种；二是所选树种、品种能适应当地气候和土壤条件，达到优质与丰产；三是适应市场需要，适销对路，经济效益高。但作为生产果园树种和品种都不宜过多，一般主栽树种 1 个，主栽品种 2~3 个即可。

（八）果树栽植设计

1. 授粉树的配置

（1）授粉树的标准。授粉树应具备 3 条标准。一是与主栽品种授粉亲和力强，最好能相互授粉；二是授粉品种花粉量大，与主栽品种花期一致。树体长势基本相似。如主栽品种是短枝型品种，其授粉树也应是短枝类型；如果是矮化砧，两者也应相同;三是授粉品种果实质量好,开始结果早,容易成花,经济价值高且经济寿命长,最好与主栽品种成熟期一致。

(2)授粉树的配置比例和距离。主栽品种与授粉树的配置比例一般为(4~5):1,授粉树缺乏时,最少要保证(8~10):1。配置距离应根据昆虫活动范围、授粉树花粉量的大小以及果树的栽植方式而定。距离主栽品种以10~20m为宜,花粉量少时要更近一些。

(3)授粉树配置方式。授粉树配置方式,应根据授粉品种所占比例、果园栽培品种的数量和地形等确定,通常采用的配置方式有3种。①中心式:授粉树较少时,每8株配置1株授粉树于中心位置。②行列式:大面积果园,将主栽品种与授粉品种分别成行栽植。授粉树较少时,每隔2~3行主栽品种配置1~2行授粉品种。如果授粉品种也是主栽品种之一,可隔3~4行等量栽植。③复合行列式:两个品种不能相互授粉,如苹果中的某些多倍体品种乔纳金、陆奥、北斗等须配置第3个品种进行授粉,可每个品种1~2行间隔栽植(图3-3)。

```
××××××        ××○××○        ○××△△○
×○××○×        ××○××○        ○××△△○
××××××        ××○××○        ○××△△○
××××××        ××○××○        ○××△△○
×○××○×        ××○××○        ○××△△○
××××××        ××○××○        ○××△△○
    1              2              3
```

图3-3 授粉树配置方式(×主栽品种,○、△授粉品种)

1. 中心式;2. 行列式;3. 复合行列式

2. 栽植密度

确定果树合理栽植密度的根本依据是树体大小,根据所选树种及品种在果园具体环境条件和既定的栽培管理制度下，能够或者要求达到的最大体积来确定，树体愈小，栽植密度愈大。生产上可根据以下因素综合确定。

(1) 树种和品种特性。不同树种、品种的树冠大小和生长势不同，株行距应有所不同。一般苹果＞梨＞桃＞葡萄；普通型品种＞短枝型品种。

(2) 砧木种类。砧木种类、使用方式和砧穗组合不同，树冠大小也不同。一般普通品种/乔化砧＞短枝型品种/乔化砧；普通品种/半矮化砧＞普通品种/矮化砧。同一种矮化砧，用作中间砧比自根砧树冠大，则其栽植密度应减少。

(3) 自然条件。一般山坡地栽植密度应比土质良好的平地大。在高纬度和高海拔地区，栽植密度应加大。气候温暖、雨量充足、水利条件较好，树冠高大，栽植密度小。

(4) 栽植制度。精细合理的栽培技术应加大栽植密度；也可采用变化性密植，将全部果树分为永久性植株和临时性植株（也叫加密果树），后者应采取适当间伐的栽培技术。大面积果园机械化耕作应适当放宽行、株距。

3. 栽植方式

栽植方式以经济利用土地，提高单位面积经济效益和便于栽培管理为原则。

(1) 长方形栽植。长方形栽植是生产上广泛采用的栽植方式。果树栽植的行向，一般以南北行向为好，尤其是平地果园更为显著。其栽植株数＝栽植面积（m^2）/株距（m）×行距（m）。

(2) 正方形栽植。行距和株距相等。植株呈正方形排列，便于纵向、横向作业管理，但密植郁闭，不利于间作。其栽植

株数 = 栽植面积（m²）/株距（m）×行距（m）。

（3）带状栽植（双行栽植、篱植）。宽窄行栽植，一般双行成带，带距为行距的 3~4 倍。带内较密，群体抗逆性较强，但带内光照条件较差，管理不便，应用较少。

（4）等高栽植。适于山地丘陵地果园。栽时掌握"大弯就势""小弯取直"的方法调整等高线，并对过宽、过窄处适当增、减树行，在行线上按株距栽植。

（5）城镇绿化或观光果树。可采用孤植、对植、丛植等不规则栽植方式，也可作为行道树进行列植或专类园按一定的行株距进行成片栽植，供游人观赏或采摘。

三、编写果园规划设计说明书

果园规划要最终完成规划设计文书——果园规划设计说明书，并附规划平面图、主要工程设计图。果园规划设计说明书包括八部分，即规划依据、规划区基本情况、总体规划设计、服务保障体系、建设投资概算、经济效益分析、总体实施安排、规划设计图纸。果园规划设计说明书的编写方式及主要内容如下。

（一）规划依据

（1）果园建设的背景、目的、规模和经营方式等。

（2）规划设计工作过程，如调查、文献信息资料查阅、实地考察、咨询研讨、分析论证、测绘和规划设计等工作情况。

（二）规划区基本情况

1. 地理位置及区域范围

规划区所处的区域位置、经纬度、四至（东、西、南、北临界接壤处）、总体地形及规划设计总面积等。

2. 气候资源

(1) 光热资源。年日照时数,年总辐射量。

(2) 热量资源。年平均气温、年极端最高平均气温、极端最高气温、年极端最低平均气温、极端最低气温、$\geqslant 10℃$ 有效积温等。

(3) 降水和蒸发。年平均降水量,年平均自然植被蒸发量。

(4) 无霜期。年平均无霜期,无霜期最早日期、最晚日期。

(5) 灾难性气候。当地容易遭受的自然灾害,如干旱、洪涝、霜冻、冰雹、沙尘暴及风害等。

3. 水资源

过境水(河流)、地表水、地下水。

4. 土地资源

区内土地资源总体情况、土地面积与利用情况(农业生产用地面积与比例、非农业生产用地面积与比例)、土壤类型等。

5. 劳力资源

6. 生产现状及产业结构

(三) 总体规划

(1) 作业区划分。指小区数量、位置、面积形状等。

(2) 道路规划。干、支、小路规划设计具体情况。

(3) 排灌系统设计。果园灌溉系统、排水系统设计。

(4) 配套设施建设。管理(生活)用房、藏库、包装场、晒场、配药池、畜牧场及农机具等。

(5) 防护林设计。防护林面积、树种、栽植方式及用苗量等。

(6) 山地果园水土保持工程设计。修筑梯田撩壕等工程建设设计。

(7)树种与品种设计。设计依据,树种与品种选择,授粉树配置等。

(8)果树栽植设计。栽植密度、栽植方式、苗木用量、肥料用量及栽植用工计划等。

(四)服务保障体系

包括技术保障体系、信息服务体系、组织管理和协调体系等。

(五)建设投资概算

(1)规划设计概算的原则和依据。

(2)各主要工程项目分项概算。

(3)建设投资总概算。

(六)经济效益分析

从建园投资费用、果园管理费用(果园的土肥水管理,整形修剪,花果管理和病虫害防治等)、果品加工渠道、销售渠道、当地市场果品需求及价格等方面对拟建果园的经济效益进行分析。

(七)总体实施安排

建园调查与测绘→果园土地规划→树种、品种选择和授粉树配置→果园防护林设计→水土保持规划设计→果园排灌系统规划设计→果树栽植。

(八)规划设计图纸

包括果园建设设计总平面图和主要工程设计图纸。

1. 果园建设设计总平面图

包括果园生产用地和非生产用地总体规划设计的基本情况。

2. 主要工程设计图纸

包括果园防护林的设计图纸、水土保持工程设计图纸、果园排灌系统设计图纸、果园道路及管理用房设计图纸等。

第三节 果树栽植技术

一、常规栽植技术

（一）栽植时期的选择

果树主要在秋季落叶后至春季萌芽前栽植。具体时间应根据当地气候条件及苗木、肥料、栽植坑等准备情况确定。秋栽一般在霜降后至土壤结冻前栽植。秋栽有利于根系恢复，次年春季发根早、萌芽快、成活率高。在冬季寒冷风大、气候干燥的地区，必须采取有效的防寒措施，如埋土、包草、套塑料袋等。春栽在土壤解冻后至发芽前栽植。春栽宜早不宜迟，一般在立春后即可栽植。栽后如遇春旱，应及时灌水。一般北方多春栽。早秋带叶栽植在9月下旬至10月上旬带叶栽植。但带叶栽植应就近育苗就近栽植；提前挖好栽植坑；挖苗时少伤根多带土，随挖随栽；阴雨天或雨前栽。

（二）栽植点确定

建园时，应确保树正行直。为此，挖坑前必须按照设计的株行距，测量放线并准确定出栽植点。

1. 平地穴栽

选园地较垂直的一角，划出两条垂直的基线。在行向一端的基线上，按设计行距量出每一行的点，用石灰标记。另一条基线标记株距位置。在其他三个角用同样方法划线，定出四边及行、株距位置,并按相对应的标记拉绳,其交点即为定植点。然后标记出每一株的位置。

2. 平地沟栽

用皮尺在园地分别拉直角三角形,划出垂直的四边基线。在行向两端的基线上,标记出每一行的位置,另两条对应基线标记株距位置。接着在两条行距的基线上,按每行相对的两点拉绳,划出各行线,再按栽植沟的宽度要求(80~100cm),以行线为中心向两边放线,划出栽植沟的开挖线。四周基线上的株行距标记点应保护好。

3. 山地定植

山地以梯田走向为行向,在确定栽植点时,应根据梯田面宽度和设计行距确定。如果每台梯田只能栽一行树,则以梯田面的中线或距梯田外沿 2/5 处为行线。向左右延伸按株距要求标记定植点。在遇到田面宽窄不等时,酌情采取加减行处理。

(三) 栽植坑挖掘和回填

1. 早挖坑

定植坑应提早 3~4 个月挖好。一般秋栽树夏挖坑,春栽树秋挖坑,早挖坑早填坑。

2. 挖大坑

设计株距在 3m 以上的可挖栽植穴,以标记的栽植点为中心,挖长、宽、深都为 80~100cm 的坑;栽植株距在 3m 以下时应挖栽植沟,沟宽 70~100cm,深 80cm 左右。下层土壤坚实或土质较差的地块,应适当加深。挖掘时要把表、底土分开堆放,拣出粗沙或石块等杂物。

3. 回填灌水

坑挖好后,将秸秆、杂草或树叶等有机物与表土分层填入坑内。在每层秸秆上撒少量生物菌肥或氮素化肥,尽量将好土填入下层,每填一层踩踏一遍。填至离地表30cm左右时,撒入一层粪土。粪土用优质农家肥按每株25kg左右的用量与表土拌匀后撒入。土壤回填后,有灌溉条件的应立即灌水,使坑内土壤和有机物充分沉实。

(四)栽植方法

1. 苗木栽植前处理

苗木栽植前按大小分类,使同类苗木栽在同一地块或同一行内。质量较差的弱小、畸形和伤残苗应另行假植,作为补苗用的预备苗。将分类后壮苗的根用1%~2%过磷酸钙浸泡12~24h,然后蘸泥浆栽植。运往地里的苗木,先用湿土将根系封埋,边栽边取。

2. 栽植技术

栽时先将栽植坑修整。高处铲平,低处填起,深度保持25cm左右,并将坑中间培成小丘状(图3-4)。栽植沟可培成龟背形的小长垄。然后拉线核对准确栽植点并打点标记。将苗木放于定植点,目测前后左右对齐,做到树端行直。根系周围尽量用表土填埋,填土时轻轻提动苗木使根系舒展,边填土边踏实,将坑填平后培土整修树盘,然后浇透水。当水下渗后撒一层干土封穴。苗木栽植深度一般普通乔化苗以嫁接口稍高出地面为宜。矮化中间砧苗生产上多采用"深栽浅埋,分批覆土"的方法。就是回填灌水后的栽植坑,合墒修整,深度保持35cm左右,将苗放入坑内,使中间砧1/2~2/3处与地面持平,然后填土栽苗,土壤培至中间砧接口处踏实灌水,剩余部位暂不填土。进入6月,结合田间松土除草,给坑内填充湿润细土10~15cm;相隔25d左右再用湿润细土将坑填平。

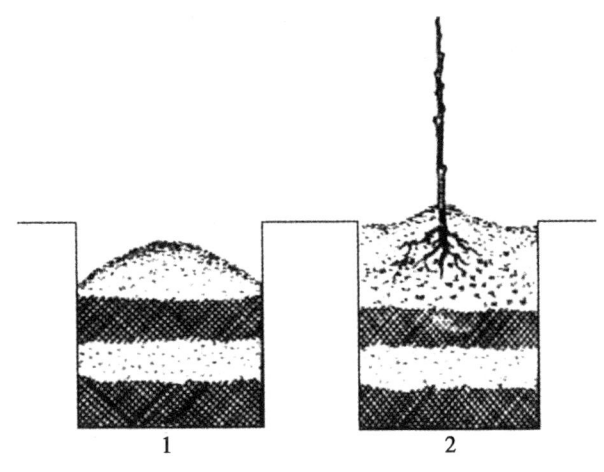

图3-4 土壤回填与栽植

整个栽植过程可概括为一个大坑、一筐有机肥（优质有机肥15～20kg，若用土杂肥则为100～200kg）、一把化肥（50～100g）、一担水（100kg）和一块地膜。在整个栽植过程中应注意两点：①肥料一定要与所有的回填土混合均匀后填入，不能施于土层或根系附近；②栽植深度。普通苗以根颈与地表平齐为宜。

（五）栽后管理

1. 修剪定干

新栽幼树在春季萌芽前剪截定干。定干高度应根据整形要求决定，苹果、梨、杏和李等果树70～90cm，剪口下25～30cm内为整形带，有8～10个饱满芽。定干后立即用封剪油涂抹剪口。

2. 适时灌水

春栽苗应浇好定植水，及时松土或覆盖保墒，萌芽期根据墒情灌水。秋栽苗在春季萌芽前适当灌水。5月以后气温升高要注意灌水；7~8月高温干旱季节应适时灌水；进入9月之后要控制灌水；入冬前应灌足越冬水。无灌溉条件的地区应覆盖保墒。

3. 覆膜套袋

覆膜套袋是旱地建园不可缺少的措施。有灌溉条件的地方也应推广应用。新栽幼树连续覆盖2年效果更好。覆盖地膜应根据栽植密度而定。株距在2m以下的密植园可成行连株覆盖；株距在2m以上的果园用1m见方的小块地膜单株覆盖。覆膜前应将树盘浅锄一遍，打碎土块，整成四周高而中间稍低的浅盘形。覆膜时，将地膜中心打一直径3.5~4.0cm的小孔后从树干套下，平展地铺在树盘上。紧靠树干培一拳头大的小土堆，地膜四周用细土压实。地膜表面保持干净，下雨冲积的泥土要细心清理，破损处及时用土压封。进入6月以后，应在地膜上再覆一层秸秆或杂草，也可覆土5cm左右。在寒冷、干旱、多风地区，应在苗干上套一细长塑料袋。用塑料薄膜做成直径3~5cm，长70~90cm的细长塑料袋，将其从苗木上部套下，基部用细绳绑扎，周围用土堆成小丘。幼树发芽时，将苗木基部土堆扒开，剪开塑料袋顶端，下部适当打孔，暂不取下。发芽3~5d后，在下午将塑料袋取掉。

4. 补栽缺苗

幼树发芽展叶后要检查成活情况。若发现死亡现象应分析原因，采取有效措施补救。缺株应立即用预备苗补栽。如果苗干部分抽干，剪截到正常部位。夏季发生死苗、缺株，要在秋季及早补苗。最好选用同龄而树体接近的假植苗，全根带土移栽。

5. 追施肥料

幼树施肥应少量多次。栽树时已施定植肥的，可在新梢长到 15cm 左右追施尿素 50g/株，方法是距离树干 35cm 左右，挖 4~5 个小坑均匀施入，新梢长到 30cm 时再追尿素 50g/株。

7 月下旬追施 N、P、K 三元复合肥 50~80g/株。除土壤施肥外，加强根外追肥。结合防治病虫喷药，生长前期（8 月上旬以前）喷 0.3%~0.5% 尿素，生长后期（8 月上旬以后）喷 0.3%~0.5% 磷酸二氢钾或交替喷施光合微肥、腐殖酸叶肥等。

6. 夏季修剪

萌芽后，对靠近地面的萌蘖及时抹除。新梢长达 25~30cm 时，幼树旺盛新梢不足 4 个，应对中干延长枝重摘心，掐去梢尖 3~5cm。摘心时间在 7 月中旬以前。生长较旺而枝条角度小时，秋季拉枝开角。

7. 越冬防寒

（1）树干刷白。在霜冻来临前，用生石灰 10kg、硫磺粉 1kg、食盐 0.2kg，加水 30~40kg 搅拌均匀，调成糊状，涂刷主干。

（2）冻前灌水。冻前进行浇水或灌水。灌水降温之前进行，灌后即排。浇水结合施用人粪尿，效果更好。但应注意冻后不要再灌水。

（3）熏烟。在寒流来临前，果园备好谷壳、锯木屑、草皮等易燃烟物，每隔 10m 一堆（易燃烟物渗少量费柴油），在寒流来临前当夜 10 点后，点燃易燃烟物。

（4）覆盖。冬季树盘周围用绿肥、秸秆、芦苇等材料覆盖 10~20cm，或用地膜覆盖。

（5）冻后急救措施。

①摇去积雪。树冠上积雪及时摇去或用长棍扫去，以防积

雪压断枝条。②喷水洗霜。霜冻后应抓紧在化霜前,用粗喷头喷雾器,喷水冲洗凝结在叶上的霜。③清除枯叶。叶片受伤后,应及时打落或剪除冻枯的叶片。④及时灌溉。解冻后及时灌水,一次性灌足灌透。

8. 病虫害防治

幼树萌芽初期主要防治金龟子和象鼻虫等危害。可在危害期内利用废旧尼龙纱网作袋,套在树干上。此外,应注意防治蚜虫、卷叶虫、红蜘蛛、浮尘子等害虫及早期落叶病、白粉病和锈病等侵染性病害。具体参照前面有关育苗部分。

二、矮化中间砧苗栽植技术

矮化中间砧苗中间砧入土1/2~2/3。生产上多采用"深栽浅埋,分批覆土"技术。具体做法是:回填灌水后的栽植坑,合墒修整,深度保持35cm左右。将苗放入坑内,使中间砧1/2~2/3处与地面持平,然后填土栽苗,土壤培至中间砧接扣处踏实灌水,剩余部位暂不填土。进入6月,结合田间松土除草,给坑内填充湿润细土10~15cm;相隔25d左右再用湿润细土将坑填平。

三、特殊栽植技术

(一)干旱半干旱地区建园

1. 选用壮苗

选用壮苗是提高栽植成活率的前提。无论是自育还是外购苗木,都应选用根系发达、茎干粗壮、芽体饱满等特点的纯正一级苗。

2. 利用砧木苗建园

在准备建园地段,根据规定株行距,就地播种或栽植砧木,当砧木长到一定大小时高接品种。

3. 提早挖坑

在水源缺乏的旱地栽树，可提早3~5个月，在雨季之前挖1m³的大坑并及时回填。如果没有提早整地，可采取小坑栽植技术。坑应挖成上下小、中间大的水罐形，一般宽30cm，深50~60cm。要随挖坑随栽树。填土时务必将小坑周围踏实，而坑中心根系附近的土壤宜稍微虚一些，使水分集中渗入根系附近的土壤中。

4. 使用保水防旱材料

（1）使用保水剂。旱地建园时，可将保水剂投入大容器中充分浸泡，再与土壤拌匀后施入坑中。

（2）喷施高脂膜。幼树定植后，将高脂膜稀释后用一般喷雾器在树干和树盘喷施。也可在苗木成活展叶之后及入冬前喷施。

5. 越冬埋土防寒

干旱寒冷地区秋冬栽植，入冬前将苗木细心弯曲，培土40~50cm（图3-5），以防止冻害，避免抽条。一二年生幼树，也应采取埋土、套袋、包草或喷施高脂膜等措施保护。

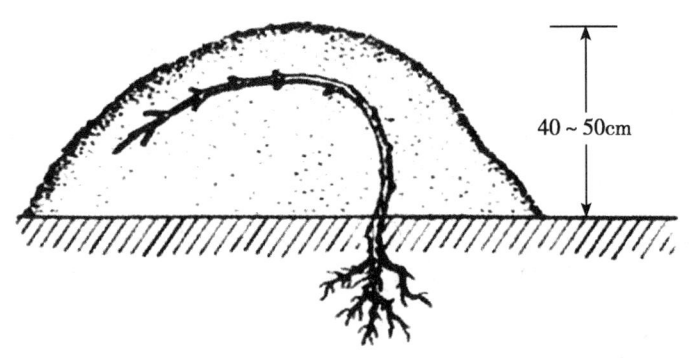

图3-5 幼树埋土防寒

（二）大树移栽

1. 断根处理

在前一年春季萌芽前距树干 80cm 左右挖深 70~80cm 的环状沟，切断粗根后回填混有农家肥的表土，并适当灌水。

2. 移栽时间

大树移栽在春、秋季进行，以早春土壤解冻到发芽前最为适宜。

3. 移栽要求

挖树前 1 周左右充分灌水。挖树前对树冠进行较重回缩修剪。最好带土团挖掘。较大果树挖前应设好支架，并标记大枝方位。装运过程中注意保护好根系和枝干。

4. 栽植坑与移栽要求

栽植坑应提前挖好，坑的规格稍大于根系和所带的土团，将根系按标记方位放入栽植坑后回填混有有机肥的表土，并及时夯实和足量灌水。

5. 移栽后管理

移栽后对树体设立支柱或三角拉绳，避免歪斜。以后根据天气情况及时补水。移栽当年应摘去全部花朵。

第四章 苹 果

第一节 主要优良品种

一、藤木1号

原产美国，1986年12月引入中国山东省烟台。单果重180~210g，大者320g以上。果实近圆形或长圆形，萼洼有不明显的五棱突起，底色黄绿，面色为较宽的鲜红条纹，果面洁净，光亮美观。果肉淡黄，肉质中粗、松脆，汁液较多，酸甜可口，香气浓，品质优于一般早熟品种。在烟台地区7月中下旬成熟。

树势健壮，树姿较直立，萌芽力较强，成枝力中等。以短果枝结果为主，有腋花芽结果习性。结果早，坐果率高，丰产性好，适应性强。

二、珊夏

原产日本，用嘎拉与茜杂交育成。单果重300g左右，果实圆锥形，底色黄绿、面色鲜红，果汁多，酸甜适中，风味极佳，8月中下旬成熟。

树势中庸，树姿较直立，萌芽力和成枝力中等，短果枝多，适应性较强，较丰产。

三、嘎拉系

原产新西兰，用红橘苹与金冠杂交育成。果个整齐均匀。果实短圆锥形，底色橘黄，橘红色条纹，果面光洁美观。果肉淡黄，肉质细脆，果汁多，味香甜，品质上等。8月中下旬成熟。

树势较强，树姿开张，萌芽力和成枝力中等。有腋花芽结果习性，成花容易，坐果率高。结果早，丰产稳产，适应性强。应严格疏花疏果，防止结果过量使果个变小。

嘎拉在栽培过程中，逐渐选出一些着色系品种，主要有太平洋嘎拉、烟嘎1~3号、皇家嘎拉、帝国嘎拉、新嘎拉、丽嘎拉、银河嘎拉等。其中，以太平洋嘎拉和烟嘎3号表现较好。

1. 太平洋嘎拉

果实中大型，平均单果重218g，果形指数（果实纵径横径比）0.92。着色好，着色期集中，比烟嘎1号早上色5d左右，颜色浓红。果肉脆甜，硬度大，较耐贮运。8月中下旬成熟。

2. 烟嘎3号果

形圆至卵圆形，果形指数0.85~0.87，中型果，单果重180~210g。果面洁净，色相片红，色调鲜红至浓红。果肉乳白色，肉质细脆爽口，硬度6.70kg/cm^2，可溶性固形物含量12.2%。在烟台地区8月底至9月初成熟。

四、津轻及红津轻

津轻是日本青森县果树试验站选育的金帅自然杂交种，果个较大，平均单果重180~200g。果实长圆形或圆形。底色黄绿，阳面有断续红条纹，果皮薄。果肉黄白色。质地细脆，汁液丰富，甜酸可口，有香气，品质上等。8月下旬至9月上旬成熟。

树势较强,萌芽力中等,成枝力较强,有腋花芽结果习性,坐果率高,结果较早,丰产性较强。但有采前落果现象。

红津轻是津轻着色系芽变的统称。日本相继从津轻中选出了许多芽变新品种,如轰津轻、板田津轻、芳明、夏香、秋香等,其果实形状和结果习性与原品种相似,仅着色良好。另外,又在津轻中选出了红色早熟芽变——津轻姬,比普通津轻早熟7~10d。

五、红露

红露苹果是韩国国家园艺研究所用早艳与金矮生杂交育成的新品种。2001年由山东省烟台果树所从韩国引入。属短枝型品种。该品种果实长圆锥形,果形指数0.85,平均单果重230g,最大360g。果实底色黄绿,果面全面鲜红色兼具红色条纹,果皮较薄,果面光亮。果柄粗短,梗洼浅窄。果肉黄白色,肉质较硬脆,果汁多,果心较小。可溶性固形物含量13%,酸甜爽口,风味佳,硬度大。无采前落果。在烟台地区8月底9月初成熟。耐贮运,室温下存放25d品质不变,是贮藏性较好的中早熟品种。

树势中庸,树姿较开张,萌芽力较高,成枝力中等;初果期以腋花芽结果为主,随树龄增大,转向以短枝结果为主,树势易衰弱。早果性和丰产强。栽培时应严格疏花疏果,产量过高易使树体转弱,另外应注意有机肥和钙肥的补给,以防止糖蜜病的发生。

六、红将军

日本山形县从早生富士中选出的红色芽变品种。平均单果重290g，果实圆形或近圆形，底色淡黄，面色片状鲜红，艳丽美观。果肉黄白，质地松脆，汁液多，甜酸可口，品质上等。9月中旬成熟。

树势较强，比普通富士成枝力弱，短枝较多，枝条节间略短且粗壮。易成花，腋花芽结果，结果较早，丰产。耐藏性次于富士。但近年来，由苹果锈果病毒引起的果实花脸病较严重，应慎重发展。

七、富士系

富士是日本1939年用国光与元帅杂交培育而成，1962年定名为富士，我国最早于1966年引入栽培，烟台地区是1972年从日本引进苗木进行试栽。红富士是富士红色芽变品种的统称，因其着色好，品质佳，耐贮藏和售价高，发展很快，已成为苹果产区的主栽品种。但由于单系繁多，良莠不齐，加之引种混乱，也存在果形不正，着色不良等问题。经各地栽培观察和品评结果，多数认为以下几个品系表现较好。

1. 烟富3号

烟台市果树工作站和烟台市果树科学研究所选出。果个大，平均单果重245~318g，高桩端正，上色早，着色好，着不明显红色条纹，色泽艳丽。

2. 2001富士

日本选出的优系富士。单果重350~400g，果实高桩，长圆形，果形端正，着色易，果面浓红，条纹明显，艳丽美观，商品性好。

3. 长富2

日本长野县园艺场选育。单果重200g左右，圆形或长圆形，桩较高，果点较明显，浓红或红色条纹。耐藏，果肉黄白色，质地细脆，汁多，酸甜可口，具芳香，品质极上。10月下旬成熟。

4. 岩富10

日本岩手县园艺试验场选育。单果重210g左右，果实圆形或近圆形，底色黄绿，面色鲜红或浓红，条纹不明显，果面光滑，果点中大，稀而明显，其他性状同长富2。

富士系树体特性都基本相同。树势强健，树冠高大，萌芽力和成枝力均较强，丰产，耐寒性差，不耐旱和涝，对轮纹病抗性较差，对环境条件和栽培管理技术要求严格。

5. 短枝富士

属红富士短枝型芽变。树冠紧凑、矮小，枝条粗壮，节间较短，萌芽力高，成枝力低，叶片浓绿，大而肥厚。结果早，坐果率高，丰产性强。一般栽后2~3年挂果，4~5年丰产。

缺点是果形较扁，品质相对较差，据报道综合性较好的有烟台选出的烟富6、福岛短富、富崎短富、陕西礼泉选出的礼富1号等。

八、乔纳金系

乔纳金是美国纽约农业试验站用金冠与红玉杂交育成的三倍体品种。平均单果重200g左右，果实近圆形或短圆锥形。底色淡黄，面色鲜红，有不明显条纹。色泽鲜艳，果面光滑，蜡质多，具光泽，果皮稍厚。果肉淡黄，质地松脆，汁多，味酸甜。10月上中旬成熟。贮藏后果面易返糖。

树势强健，树冠开张，分枝角度较大。新梢稍软，萌芽力、成枝力均强，以短果枝结果为主，但中长果枝及腋花芽亦能结果。结果早，丰产稳产，但抗病性及耐高温、抗干旱能力较差，适合气候冷凉地区栽培。乔纳金的红色芽变有红乔纳金（果个稍小）和新乔纳金。

第二节 对环境条件的要求

一、温度

苹果喜冷凉的气候，是抗寒力较强的果树，一般认为，凡年平均温度在 7.5~14℃ 的地区均可栽培，8~12℃ 为最适栽培区（烟台为 12.5℃）。在年周期发育中，不同的物候期对温度要求不同。

（一）开花期

开花期要求气温 15~25℃，17~18℃ 为开花的最适温度。温度过高过低均能影响授粉受精，降低坐果率。温度过低，花器受冻。据调查，-1.7℃ 花受冻，-1.1℃ 幼果受冻。

（二）花芽分化和果实发育期

苹果花芽分化和果实发育期主要在 6—8 月。多数研究认为，6—8 月平均气温在 18~24℃，适合苹果花芽分化和果实发育。据日本资料介绍，红富士在温量指数（生长季各月平均温度减 5℃ 的累加值）达到 85℃ 的地区，才能生产出高质量的果品。绝对最高气温要低于 35℃。温度过高的地区，树势较旺，花芽难以形成，果实成熟早，着色差，糖度低。果肉松，风味淡，不耐贮藏。昼夜温差大于 10℃，特别是果实成熟期和花芽分化期，昼夜温差大，夜间呼吸弱，白天光合作用强，可增加营养积累，有利于花芽分化和增加果实含糖量。

（三）休眠期

苹果从落叶后到翌年春季萌芽前这段时期称为休眠期。休眠期需要一定的低温,打破休眠,苹果才能正常开花结果。苹果对低温的要求是 -10~10℃ 的低温时间大于 1 500h。低温不足,春季萌芽晚,易落蕾,开花不整齐,坐果率低。但冬季温度过低能造成冻害,苹果多数品种休眠期能忍受 -25℃ 的低温。-30℃ 会造成严重冻害,-35℃ 树体将冻死,其中红富士耐寒力更差,在 -15~20℃ 的温度下就会受冻。

二、水分

苹果要求适宜的年降雨量为 500~800mm。超过 1 000mm,尤其是高温多雨,则枝条旺长,结果迟,产量低,品质差,还易发生病虫害。雨量过少,果个小,产量低,不利于优质丰产。我国苹果主要产区年降雨量一般均在 500~700mm,基本可以满足苹果需要。但降雨常与需水时期不吻合,如渤海湾常出现"春旱,夏涝,秋又旱"的现象。因此应尽量创造良好的灌溉条件,做到旱灌涝排,以便获得优质丰产。

三、光照

苹果是喜光果树。据报道,苹果的年日照时数在 1 500h 以上,国内外苹果主要产区日照多在 2 000~2 700h。日照时数越多,树体发育越健壮,花芽饱满,果实色艳,质量优良。栽培上应注意选择适宜的园址,合理密植、修剪、整形、间作等,尽量创造良好的光照条件。

四、土壤

苹果适宜生长在土层深厚,透气良好,保肥蓄水力强的沙壤土和壤土上,土层 1m 以上,地下水位 1m 以下。土壤空气含氧量 10%~15%。要求微酸至中性土壤,pH 范围为 5.4~7.8,

最适pH值为6.0~7.0，pH≥7.8易出现黄叶病，pH≤5生长不良。土壤总盐量低于0.28%，其中氯化盐含量要低于0.13%。土壤有机质1%以上。对达不到要求的土壤，在苹果栽植前和生产期要不断地进行土壤改良，改善根系生长环境。

第三节 花果管理

一、促花技术

（一）调节肥水供应

苹果树花芽的形成与碳水化合物营养水平有关，而碳水化合物含量与当年全树叶面积有关，叶面积主要是生长前期形成的，因此，通过调节肥水供应，积极促进前期新梢生长，尽早建成强大的叶幕是很重要的。后期控制新梢生长，改变营养代谢，使其由营养生长转向生殖生长，促进花芽形成，即掌握前促后控的肥水管理原则。具体应做到如下几点。

第一，春季早追肥，适时中耕，提高地温和墒情，促进新梢生长，尽快形成较大的叶幕，提高光合作用。

第二，在春梢旺长后期、旺树在整个生长期以及在秋季，都应注意控制水分供应，使新梢及时停止生长。

第三，花芽分化前追施促花肥，并注意根外追肥，以磷、钾肥为主，配合适量的氮肥。

第四，秋季早施、多施基肥，加强根外追肥，加强病虫害防治，保护好叶片，提高树体贮藏营养，促进翌年的性细胞分化。控制水分供应，使秋梢及时停止生长。

第五，减少氮肥施用量，使其由营养生长转向生殖生长。

(二) 控制负载量

花多果多，一是消耗营养多，二是种子能形成大量的赤霉素，均能影响花芽分化。因此要及时合理疏花疏果，控制负载量，以保证树体激素平衡，营养充足，促进花芽形成。

(三) 采用促花修剪技术

促进花芽形成的修剪方法很多，各有其针对性和时间性，只有抓住有利时机，采取相应措施，多种方法配合使用，促花工作才能取得良好的效果。

二、保花保果

(一) 落花落果的时期和原因

苹果树从开花到果实成熟，有3~4次花果脱落高峰。

第一次：落花。开花期刚过，子房尚未膨大即脱落，称为落花。主要是授粉受精不良引起的。凡引起授粉受精不良的因素均能造成落花，如授粉树少、品种单一、品种间花期不一致、缺乏传粉昆虫、花期冻害、开花期风过大、连阴雨等。

第二次：幼果脱落。时间在开花后半月，子房已经膨大，是受精后初步发育的幼果，果柄变黄而脱落。其主要原因有以下两点。

贮藏营养不足。开花、受精及幼果发育均需大量营养，如果上一年结果过多或管理不善，树体贮藏营养不良，就会出现大量落果。

水分供应不足。一般枝梢越幼嫩，渗透压越高，吸水能力越强，当土壤水分不足时，进入果实内部的水分首先减少，严重缺水时枝叶还要夺取幼果中的水分，使幼果缺水脱落。

第三次：6月落果。开花后一月左右（5月下旬至6月上中旬）也称生理落果。苹果坐果以后，新梢生长加快，营养分配中心随之转为营养生长，此时，如树体营养供应不足，当年的营养物质又不能从营养枝上输出，就迫使一些生长较弱的中、短果枝上的果实，由于所占叶面积小，制造营养不足，果实由于营养不良而出现大量落果。

第四次：采前落果，果实快成熟时脱落。采前落果与品种特性有关，元帅系、静香、早捷、津轻、北斗等品种，由于果柄基部离层形成过早，易出现采前落果。有些品种成熟期不一致，也容易出现采前落果现象，如静香。另外，环境和栽培管理因素，如采前高温、干旱、氮素供应过多等，都会使采前落果加剧。

（二）提高坐果率的措施

1. 加强综合管理，调整树体营养积累和分配

在肥水管理方面，重视夏、秋季的追肥，包括叶面喷肥。采果后早施基肥，提高树体贮藏营养水平。春季加强土壤管理和肥水供应，满足开花和幼果发育对营养的需求；在病虫害防治方面，及时防治病虫，保护叶片，促进营养物质的积累；修剪方面，合理拉枝，疏除内膛徒长枝、密生枝，改善通风透光条件，提高叶片光合效率。甩放后花芽成串的枝条适当回缩，花量过多的树，疏除部分花芽，更新复壮结果枝组，可以减少营养消耗，使保留下来的果枝坐果率提高；严格疏花疏果，合理负载，节约养分，不仅坐果率高，而且果实发育好。

2. 创造良好的授粉受精条件

（1）配置好授粉树。苹果多数品种自花结实率较低，建园时必须配置授粉树，授粉树的比例不能少于15%~20%。

（2）人工辅助授粉。花期进行人工辅助授粉，能明显提高

坐果率。人工授粉的方法主要有以下几种。①点授法。将含苞待放的花蕾采下，用两花对搓或用小镊子取下花药，收集摊放在白纸上，置于干燥通风的室内晾干（不宜放在太阳光下暴晒），室温保持 20~25℃，一般 24h 左右花药便干燥开裂，散出花粉。然后将花粉连同花药壁装入干燥的小瓶中备用。授粉的时间宜在每天的 9：00 至 15：00，用铅笔的橡皮头或用铁丝、木棒套上自行车气门芯，蘸取花粉，点授在刚开放花朵的柱头上，整个花期随开随授。②滚授法。在花开放后 1~2d，于上午露水干后，用鸡毛掸在授粉品种树的花上滚动几下，再到主栽品种树的花上滚动几下，如此反复进行，使其花粉相互传播。在整个花期滚授 2~3 次。滚动时要掌握分寸，避免伤及花朵。此法简单易行，省工省事，但效果不及点授法。③喷雾法。用 10kg 水 + 0.5kg 蔗糖 + 30g 硼砂 + 10~20g 花粉，配成花粉液，在盛花期喷布花粉液进行授粉。但花粉液要随配随用。④喷粉法。1 份花粉 + 10 份滑石粉，用小型喷粉器对当天开放的花喷粉。也可将混配好的花粉装在纱布袋内，用竹竿挑起，在树的上方抖动，对花进行授粉。

（3）花期放蜂。花期放蜂省工省力，效率高，授粉效果好。蜂的种类有蜜蜂和角额壁蜂。蜜蜂一般每公顷苹果园放 3~5 箱。近年来角额壁蜂应用较多，且效果较好。角额壁蜂是由日本土蜂驯化而来，20 世纪 80 年代引入我国，这种蜂耐低温，访花能力强，是普通蜜蜂的 70~80 倍，每头角额壁蜂日访花 4 000 朵左右，每 667m^2 放蜂 130~150 头，坐果率可提高 30%~40%。而且这种蜂的饲养技术简单，容易掌握。具体放蜂授粉技术如下。①做巢管。巢管可用竹子、芦苇截成段，也可用牛皮纸或废纸卷成纸管而做成。巢管内径 0.8~1cm，管壁厚 1~3mm，长 16cm 左右。两端切平，每 50 支一捆，一端敞口，并用广告色染成红、绿、橙、白等不同颜色，以便角额壁蜂识别位置和颜色利于归巢，巢管的另一端要封堵严密。②做蜂箱。蜂箱可用水泥板、木板等做成，也可用普通纸箱代替。如果用纸箱作蜂箱时，要用塑料薄膜包严，以免渗入雨水。一般蜂箱长 15~25cm，宽 15cm，高 25cm，前面敞口。③安放蜂箱。放蜂前 2~3d，将蜂箱安放在园内宽敞明亮的地方，蜂箱敞口面朝向东南或正南，底部设一牢固的支架，箱底高出地面 35~55cm，支架涂抹废机油，预防蛙、蛇、蚁等侵犯，箱顶盖上遮阳防雨板并压紧，蜂箱安好后不要再移动。一般每隔 50m 左右安放一个蜂箱。④挖泥坑。在每个蜂箱前方 1m 处，挖一个长 40cm，宽 30cm，深 20~30cm 的黏泥坑，沙地果园可在坑内加入一定量的黏土，每晚向坑内加一次水，保持坑内黏土湿润，以便壁蜂繁殖产卵时采集湿泥筑巢。⑤放蜂与收蜂。苹果开花前 2~3d，每个蜂箱装入 4~6 捆巢管。将要放的壁蜂蜂茧分装在小纸盒内，纸盒上打一些孔洞，直径 1cm 左右，以便角额壁蜂羽化后出巢，然后将纸盒放入蜂箱内。为加速蜂茧羽化出蜂，可先将蜂茧在 30~35℃ 的温水中稍微润湿一下再装盒，并保持盒内湿润。一般 2~3d 后成蜂即会出巢访花。成蜂出茧后即开始交尾，选巢后，清巢管，并访花，做粉团繁殖后代。如果发现巢管被泥土封堵，说明巢管内已经产卵，可随时将其收起。一般成蜂活动期 12~15d，放蜂结束后，将收起的巢管平放吊挂在通风阴凉处。翌年 2 月气温回升时，拆开巢管，剥出蜂茧，装入广口瓶内，用纱布封口，置于冰箱内，在 0~5℃ 下保存，至苹果开花前 2~3d，分装入纸盒内再行使用。

另外放蜂时应注意：放蜂前 15d 和放蜂期间，园内禁止使用杀虫剂农药。因苹果花期较短，为保证苹果开花前和谢花后角额壁蜂有足够的花蜜，可在蜂箱周围种植一些油菜、萝卜、白菜等春季开花早且花期较长的作物,以免壁蜂寻不到花蜜而转移,不能正常授粉和收蜂。

三、疏花疏果

(一) 疏花疏果的作用

1. 保持丰产稳产

花芽分化和果实膨大是同时进行的,当营养充足或负载量适当时,既可保证果实肥大,也能促进花芽形成,达到丰产稳产的目的。如果花果过多,树体营养供应与消耗之间发生矛盾,抑制了花芽的形成,必然会出现大、小年现象。

2. 提高坐果率

合理疏花疏果,可节省树体营养,提高了当年花的坐果率,同时,由于花芽分化质量提高,翌年的有效花增加,无效花减少,也提高了翌年花的坐果率。

3. 提高果实品质

一是由于节约营养,可使保留下来的果实发育更好,果实大而整齐,色艳质佳。二是疏果时,疏除了病虫果、畸形果、位置不当果,因而也提高了好果率。

4. 维持树体健壮

合理疏花疏果可以防止树体早衰,增加抗病性,特别对减轻腐烂病、延长盛果期年限具有显著效果。

(二) 疏花疏果的时期

常言道:"疏果不如疏花,疏花不如疏蕾,疏蕾不如疏芽。"疏的越早营养消耗越少,但在实际操作时,不可一步到位,一般按以下程序进行。

1. 疏芽

冬季修剪时，疏除过多花芽，将花、叶芽比例调整为1：(3~4)。

2. 疏蕾

从花序伸出至花序分离期进行，按留果距离先定果台，一般20~25cm留一个花序，多余者整序除疏，呈空台，仅保留莲座叶，保留的花序一般整序保留。

3. 疏花

开花期保留中心花和开花较早的1~2个边花。一次疏到位，即每个花序只保留一朵花的，称为"以花定果"，可节省劳力和树体营养。但有晚霜危害的地区，花期天气不好及坐果率较低的品种，不宜采用。

4. 疏果

谢花后10d左右开始，半月内完成。一般要求先疏早熟品种、后疏晚熟品种，先疏坐果率高的品种、后疏坐果率低的品种。

(三) 留果量的确定

疏花疏果首先要确定植株的适宜留果量。要求在保证当年产量与质量的同时，又能形成足够数量和一定质量的花芽，以备来年结果。适宜的留果量，必须根据品种、树势、树冠大小、坐果率及栽培管理条件等确定。常用的确定留果量的方法有以下几种。

1. 间距法

这是目前苹果疏花疏果应用最广的一种方法，主要根据果型大小确定。一般嘎拉、珊夏、粉丽等小果型和短枝型品种的留果间距为15~20cm。将军、红露等大果型品种为20~25cm。

富士一般要求25cm左右留一个果实。

2. 叶果比法

果实的生长发育,必须有一定数量的叶片作保障,一般养活一个苹果果实大约需要30~60张叶片。一般乔化砧树,小果型品种的叶果比为(30~40):1,大果型品种为(50~60):1;矮化砧和短枝型,叶功能较强,小果型品种为(20~30):1,大果型品种为(40~50):1。

3. 枝果比法

枝果比是在叶果比的基础上提出的,一般每个枝条平均有叶片数13~15片,按(3~4):1,可保证每果占有40~60片叶。中、小果型品种枝果比为(3~4):1,大果型品种为(4~5):1。

4. 以产定果

根据产量指标推算出留果量,作为疏果的依据。如陕西省《优质苹果园栽培管理技术细则》规定,盛果期树产量指标为2 000~2 500kg/667m²。以富士为例,优质果的单果重为250~300g,由此计算出不同密度条件下的单株留果量(表4-1)。

表4-1 盛果期富士园单株产量及留果量参考标准

株行距/m	株/667m²	株产量/kg	单株留果量/个
2×3	111	18~23	72~76
2×4	83	24~30	96~100
3×4	55	36~45	144~150

(四)疏花疏果的方法

目前生产中普遍采用的仍然是人工疏花疏果,虽然比较费工,但能按人们的意愿留果,有利果树生长和提高果实品质,具体要求如下。

1. 按顺序疏花疏果

先疏弱树后疏强树,先疏花多的树,后疏花少的树。先疏开花早的树,后疏开花晚的树。先疏坐果率高的树,后疏坐果率低的树。先内膛,后外围。先树上,后树下。先疏早熟品种,后疏晚熟品种。

2. 根据树势和枝势调节留果量

根据适宜的留果量,使果实分布均匀、合理。由于各枝间花果量不均匀,应根据品种、树势、枝势、枝量等加以调节。一般强枝多留,弱枝少留;辅养枝多留,骨干枝少留;大、中型枝组多留,小枝组少留;树冠内部、下部多留,外部、上部少留;一个枝组上要留前疏后,以便交替更新。

3. 保留优质花果

疏花时,疏除晚花、小花、边花,应留早花、大花、中心花。疏果时,疏除小果、畸形果、病虫果、朝天果、边果。应留自然下垂、果肩平整、果形端正、高桩个大的中心果。

4. 留有保险系数

花期天气不好或者坐果率偏低的品种,疏果时要留有余地,一般要比适宜留果量多出 15%~20% 的保险系数,以防产量不足,影响经济效益。

四、果实套袋

苹果套袋栽培,在我国已成为一项常规的栽培技术。套袋可以防止果面污染,保持果面洁净,增进着色,提高果实的外观品质,同时还能防止果实病虫害。但套袋果含糖量降低,食用品质差。将来会逐渐废除。但根据我国苹果的发展现状,果实套袋还会持续一段时间。

(一) 果袋选择

红色品种选用双层纸袋,一般外袋表面灰褐(黄)色,里面为黑色,内袋为红色蜡纸。绿色品种选用单层白色或浅色纸袋。不提倡用塑膜袋。选用的纸袋要抗日晒,耐雨水冲刷,透气性好,有较好的防虫、抑菌作用等。目前,国家正在制定纸袋标准,现在尚未出台。近年来根据烟台地区苹果套袋情况调查发现,小林、爱农、凯祥等品牌的纸袋表现较好,生产中出现问题较少,可参考选用。

(二) 套袋时间

红色品种应在谢花后 35~40d 开始套袋,6 月上旬开始 6 月底前结束。黄色和绿色品种疏果结束后即可套袋。一天中以 8:00~11:00 和 14:00~18:00 套袋为宜,早晨露水未干、雨天或中午高温时段不宜套袋。

(三) 套袋方法

选择发育良好,果形端正的果实,用手撑开纸袋,使果袋鼓起,让袋底两角的通气、放水口张开,套入幼果,将果柄放在袋的纵向开口基部,再将袋口左右横向折叠,最后用袋口处的扎丝弯成"V"形,夹固袋口。扎丝要夹住纸袋叠层,不要扭在果柄上。

(四) 套袋要注意的问题

1. 技术要规范

做到袋要鼓起,果要悬空,口要扎严,叶要露出。

2. 用药要合理

为减轻套袋苹果黑点病的发生,套袋日期要与喷药日期间隔 3 个晴天,套袋前用的两遍杀菌剂以农用链霉素、甲基托布津、多菌灵、多抗霉素等为好。

3. 灌水防日烧

套袋前如果土壤干燥,应灌一次水,可有效防止幼果在袋内发生日烧。

五、摘袋和摘袋后的管理

(一) 摘袋

苹果摘袋时间根据气候条件和市场需求而定。红色晚熟品种一般适期采收前15~20d摘袋(外层袋),双层袋分两次摘除,先摘外袋,经过3~5个晴天日后再摘内袋。为减少日烧,应选阴天或多云天摘袋。晴天应在10:00前或16:00后摘袋。单层袋先从袋底撕开,呈喇叭状,适应3~4d后再摘袋。有露和雨天以及中午温度过高时不能摘袋。

(二) 摘叶、疏枝、转果

1. 摘叶疏枝

摘袋后5~6d摘除果实周围的遮光叶片(保留叶柄),并尽量摘除黄叶、病叶、小叶、薄叶、衰老叶等,隔一周进行第2次摘叶。并剪除遮光的直立枝、徒长枝、密生枝,改善光照,增进着色。早、中熟品种摘叶量一般为全树叶片总量的5%~10%,晚熟品种一般不超过全树叶片总量的30%。

2. 转果

果实阳面充分着色后,用手轻托果实,将阴面转向阳面。自由悬垂的果实,可用透明胶带加以固定。为防止果实日烧,转果时间要在下午温度较低时进行,晴天在14:00~15:00以后开始,阴天可全天进行。

(三) 树下铺反光膜

在果实着色期，树下铺设银色反光膜，改善树冠内膛和下部光照，使下垂果果顶部及萼洼处着色，能显著提高全红果率。一般每行树冠下沿行向铺幅宽1m的反光膜，每侧一幅，反光膜距主干0.5m，行间留出1~2m的作业道，株间一幅剪成段铺放中间，每667m²苹果园用反光膜400m²左右。反光膜边缘用石块、瓦片等压实，以免被风掀起。注意保持膜面清洁，以防影响反光效果。果实采收前，清理膜上杂物，小心将膜揭起、洗净、晾干，以备下年使用。

六、适时采收

适时采收是保证果实品质和产量的重要条件，采收过早，果实着色不良、味淡、个头小，产量低。采收过晚，果实硬度低，采前落果重，不耐贮藏等。

(一) 确定采收的依据

1. 果实外观

果实充分发育，种子变褐，果实表现出该品种固有的特性，如大小、色泽、风味等。

2. 果实生长日期

果实生长日期系指从盛花期到果实充分成熟所经历的天数。藤木1号为90~95d，珊夏为90~110d，嘎拉为110~120d，元帅系为140~150d，金帅和乔纳金为150~160d，富士为170~180d。

3. 果实理化指标

苹果属于呼吸跃变型果实，长期贮藏的果实应在呼吸跃变前采收。直接上市消费的果实应在呼吸跃变的高峰期采收。果实硬度方面，长期贮藏的果实，元帅系硬度不低于 $6kg/cm^2$，金帅不低于 $7kg/cm^2$，富士、国光苹果不低于 $8kg/cm^2$。直接上市的果实硬度可适当降低。可溶性固形物含量，元帅系 11% 以上，金帅 12% 以上，富士、国光 13% 以上。

（二）采收方法

采收前准备好采收工具，一天中要在早晨露水干后采收，并避开中午高温期。采收时剪去指甲，最好戴手套采收。手握果实，手指压住果柄将果实掰下，保留全部或部分果柄，要轻拿轻放，尽量减少机械损伤。采收顺序要从下到上，先外围后内膛。成熟期不一致的品种要分期采收。

第五章 梨

第一节 主要优良品种

一、白梨系

（一）茌梨

又名莱阳慈梨，俗称莱阳梨，是山东普遍栽培的白梨系统中的优良品种。因主要产地在莱阳市，原产地在茌平一带得名。果实大型，平均果重 220~280g，大者 800g（500g=1 斤，下同）以上。未掐萼后呈卵圆形至纺锤形，掐萼者果实顶部膨大而成倒卵形或短瓢形。果皮薄，黄绿色或黄微带绿色。果点大而明显，深褐色，受外界刺激，常连片成褐色锈斑，影响外观。果梗粗，基部略肥大，梗洼窄浅。果心中大，果肉浅黄白色，肉质细嫩，脆而多汁，味浓甜，具芳香，石细胞小而少，品质极上。一般含可溶性固形物 12%~15%，含酸 0.1% 左右。在莱阳、栖霞 9 月中下旬采收。果实在常温下耐藏性较差，一般可贮藏一个月左右，冷库贮存可至春节以后。

幼树生长健壮，极性强，新梢多而直立，树冠多呈直立扫帚形。萌芽力强，成枝力中等。以短果枝结果为主，中长果枝及腋花芽也能结果。自花不实，坐果率较低，采前落果较重。

严格疏花疏果和落花后掐萼可提高果实商品价值。宜在夏季气温稍低、雨量适中的冷凉地区栽培。茌梨对土质有严格的要求，以沙壤土或纯细沙土最为适宜。黏重土壤树体生长不良，果实品质也差。

（二）香水梨

原产山东栖霞，又名栖霞大香水、香水梨、南宫祠梨。为一古老品种。果实中大，平均重200g左右。果实椭圆形，端正，梗洼浅狭。脱萼，萼洼深广。采收时绿色，贮后转黄绿色或黄色，果皮薄，果点小而密，较美观。有时果面生水锈，影响商品质量。果肉白色，肉质松脆但稍粗，汁多，味甜微酸，香气浓，石细胞较少。含可溶性固形物11%~14%，品质上等。胶东地区果实9月下旬成熟，普通窖藏可贮存至次年3月底。

幼树生长健壮，发枝力较强，半开张，易形成中、短枝结果，腋花芽较多。幼树结果较早，果台枝抽生能力及连续结果能力强，在枝条稀疏时，易连续成花结果。但负载量过大时果实偏小。冬季遇有严寒易出现枝条甚至大枝冻害。花序坐果率高，常有簇生果，应注意疏花疏果。抗旱性稍差，对立地栽培条件要求严，以沙壤土最好。山地果园、粗砂地，树势弱，果实小，易发生缩果病，盐碱地缩果病也重。沙地建园应注意改土，山地园应改善水利条件。

（三）长把梨

原产山东龙口市，又名黄县长把梨、大把梨、山东梨。为优良实生单株繁殖而来，栽培历史260多年。

果实中大，均匀，单果重210~250g。果实倒卵形，果皮黄色，无锈。脱萼，萼洼深广。果皮薄，蜡质多，果点小，果实外形美观。果梗长为主要特征。果肉白色，石细胞多，质脆稍粗，汁液多，微香，刚采收时较酸，贮藏后甜酸。含可溶性固形物10%~11%，口感偏酸，品质中下。山东半岛9月下旬至10月上旬成熟。果实极耐贮藏，在胶东普通窖藏可贮存至次年5—6月。

树冠较大，幼树直立，萌芽力强，成枝力中等，树冠中枝叶较为稀疏。以短果枝结果为主。树势易衰弱，对肥水条件要求较高，应注意疏果并多短截促生枝条，复壮树势。自花不实，需严格配置授粉树。花序坐果率高，应加强疏花疏果。长把梨抗旱力强，适宜山地栽培，在河滩及平地栽培表现树势健壮，产性也好。易感黑星病，虫害较轻。

（四）锦丰梨

锦丰梨是中国农业科学院果树研究所以苹果梨与茌梨杂交培育而成。果实近圆形，平均单果重280g，大者可达451g。萼片宿存，果皮黄绿色，贮后转为黄色。果点大而明显。果心小，质地细嫩、松脆，汁特多，风味浓郁，酸甜适口。含可溶性固形物12%~15.7%，品质上等。果实9月下旬至10月上旬成熟。

树势健壮，萌芽率和成枝力均强。结果稍晚，一般4~5年结果，幼树长、中、短枝及腋花芽均能结果，丰产。授粉品种有早酥梨、鸭梨、苹果梨、砀山酥梨、金花梨等。该品种抗寒力强，抗黑星病。易生诱斑影响果实外观，并易受网蜻危害，需进行果实套袋加以解决。对栽培技术要求较严，喜大肥大水。适宜我国北方冷凉地区栽培。

二、沙梨系

（一）绿宝石

绿宝石梨又叫中梨1号，是中国农业科学院郑州果树研究所用新世纪和早酥梨杂交选育而成的,是目前早熟梨中综合性状较好的品种之一。

该品种果个大,果实近圆形或扁圆形,平均单果重296g左右,最大果重约485g。果面光洁,果点中大,翠绿色,套袋果黄白色。果柄粗短,萼洼浅,萼片残存。果肉乳白色,质地酥脆,石细胞少,汁液多,味甜微香,可溶性固形物含量11.8%。7月中下旬成熟。自然贮藏期30d左右。

生长势强,萌芽率高,成枝力中等,分枝角度小。叶片长卵圆形,平展,叶缘锯齿锐且密。早果性强,高接树当年便可形成花芽,第2年即有产量。坐果率高,丰产性好,有腋花芽结果习性,进入盛果期以短果枝结果为主。抗病性强,对环境条件要求不严,特别对轮纹病、黑星病、干腐病的抗性较强。但个别年份裂果较重。

(二) 黄金梨

韩国园艺试验场罗州支场用"新高于20世纪"杂交育成的新品种,1984年定名。

果实近圆形或稍扁,平均单果重350g,最大果重500g。不套袋果果皮黄绿色,贮藏后变为金黄色。套袋果果皮淡黄色,果面洁净,果点小而稀。果肉白色,肉质脆嫩,多汁,石细胞少,果心极小,可食率达95%以上,可溶性固形物含量14%~16%,味甜。果实9月中下旬成熟,果实发育期129d左右。较耐贮藏。

幼树生长势强,结果后树势中庸,树冠开张,萌芽率低,成枝力弱。以短果枝结果为主,成花容易,花量大,腋花芽结果能力强,早实性强,丰产。花粉量少,建园时需配置授粉树。适应性强,抗黑斑病和黑星病,但易发生铁头病。

（三）丰水

日本农林省园艺试验场用（菊水×八云）×八云杂交育成。果实扁圆形，果大，平均单果重240g，最大单果重750g，有2~3条缝合线，可溶性固形物含量16%，多汁，口感极佳。成熟颜色为红褐色，套袋果金黄色，半透明状。8月下旬到9月初成熟。

该品种树冠中大，幼树期生长旺，结果后树势中庸。萌芽力高，成枝力弱。成花容易，结果早，以短果枝结果为主，坐果率高，易管理，稳产、丰产。适应性和抗逆性强，极抗黑星病，但不抗赤星病。

（四）新高

这是日本的宫赤秋雄用天之川与今村秋杂交育成的一个中熟优良品种。果实圆形，平均果重450~500g，最大可达1 000 g。果皮薄，果皮黄褐色，套袋之后变为浅褐黄色，果点小而密集。果肉乳白色，石细胞少，果汁多，可溶性固形物含量15%左右，可食率92%，品质上等。10月上旬成熟，在自然条件下可贮至翌年4—5月。

树势较强，树姿半开张形，萌芽率低，成枝力强。以中果枝和短果枝结果为主，丰产、稳产。花粉少，栽培时需配置授粉树，以丰水梨、秋黄梨、园黄梨为宜。适应性和抗逆性强，适栽范围广。抗黑心病、黑斑病能力强。如结果过多易造成树势早衰，栽培应时应加强疏果，并做好灌水和排水工作。

（五）园黄

园黄梨是韩国园艺研究所用早生赤与晚三吉杂交育成的新品种，是目前韩国正在推广的主栽梨品种之一。该品种果实扁圆形，平均果重282g左右，最大果重600g以上；果皮黄褐色，套袋果金黄色,果点小,无水锈,无黑斑,果面平整光洁,成熟后金黄色,外观极美。果肉为透明的纯白色,肉质细腻,柔软多汁,石细胞少,味甘甜,含可溶性固形物12%~13.3%,并有浓郁香味,品质极上。

树势强健,树姿半开张,萌芽力强,成枝力中等。易形成短果枝和腋花芽,抗黑斑病能力强,栽培管理容易。自然授粉坐果率较高,结果早,丰产性好。

(六)水晶

为新高芽变。果实圆形或扁圆形,平均果重385g,最大750g。成熟果乳黄色(前期深绿色)。表面晶莹光亮,有透明感,外观诱人,果肉白色,肉质细嫩多汁,可溶性固形物含量14%,味甜,有香气。

树势强健,树姿略直立,萌芽力弱,成枝力中等。嫩枝青棕色,有白茸毛,老枝暗青褐色,皮孔黄褐色,大而稀,较突出。结果早、抗旱、耐寒、抗黑星病和轮纹病,但多雨年份易染黑斑病和褐斑病。

(七)爱宕梨

日本冈山县龙井种苗株式会社以"20世纪"与今村秋杂交育成。果实扁圆形,果个大,平均单果重415g,但果个过大者或树势衰弱时果形不正。果皮黄褐色,果点较小,中密,果面较光滑。套袋果果皮淡黄色,果点不明显。果肉白色,肉质细脆,汁多,石细胞少,可溶性固形物含量12%~16%,味酸甜可口,有类似"20世纪"梨的香味,品质上等。成熟极晚,10月中下旬成熟,耐贮性极强。

树势健壮,枝条粗壮,树姿直立,树冠中大,结果后半开张。萌芽力强,成枝力中等。各类果枝均能结果,以短果枝和腋花芽结果为主，花芽极易形成，自花结实率高。早果性好，定植后第二年见果，单株产量可达 4～5kg，第三年可达 10kg。坐果率极高，极丰产，稳产。生理落果和采前落果轻。但负载量过大影响发枝，幼树扩冠缓慢，成龄树易衰弱。对肥水条件要求较高，喜深厚沙壤土。幼树易发生蚜虫，较不抗黑斑病，抗寒性稍差。树体矮化，适宜密植，需防风。

三、西洋梨系列

（一）巴梨

原产英国，1871 年自美国引入山东烟台。果实较大，壮树负荷适量时，单果重 250g，果实为粗颈葫芦形。树势衰弱或留果过多时，单果重在 200g 以下。壮树结果少时，果大，果面深绿色，凹凸不平。采收时果皮黄绿色，贮后黄色，阳面有红晕。果肉乳白色，采后经 1 周左右后熟最宜食用，果肉柔软，易溶于口，石细胞极少，多汁，味浓香甜，含可溶性固形物 12.6%～15.8%，品质极上。8 月中下旬成熟。果实不耐贮藏，最适宜制作罐头，是鲜食、制罐的优良品种。

树势不稳定，幼树生长旺盛，枝条直立，呈扫帚状或圆锥状。芽力中等，成枝力较强，单枝生长量大。一般 3～4 年开始结果。直立枝上的短枝需经 1～2 年演化才能形成果枝，有腋花芽结果习性。枝干较软，结果负荷可使主枝开张直至下垂。初果期和盛果期树势健壮，以短果枝群结果为主，丰产潜力大。肥水不足，树势衰弱时，产量下降。易受冻害，并易感腐烂病，使树株寿命缩短。

（二）红巴梨

美国品种，系巴梨的红色芽变。北京顺义区 1996 年引进。

果实粗颈葫芦形,果个大,平均单果重210g。果皮褐红色,果面凹凸不平,果点小而密。果梗粗。果肉白色,可溶性固形物含量14.6%。采后7d左右后熟变软,果肉易溶于口,味浓甜,品质上等。果实9月上旬成熟。

树势强旺,萌芽力、成枝力均强,幼树树姿直立,结果后开张。以中、短果枝结果为主,有自花结实能力。成花结果早,丰产,定植后4年进入初果期。高接树第3年见果。

(三) 红安久

这是在美国华盛顿州发现的安久梨的浓红型芽变新品种。1997年从美国引入我国。果实葫芦形,平均单果重230g,大者可达500g。果皮全面紫红色,果面平滑,具蜡质光泽,果点中多,小而明显,外观漂亮。梗洼浅狭,萼片宿存或残存,萼洼浅而狭,有皱褶。果肉乳白色,质地细,石细胞少,经1周后熟后变软,易溶于口,汁液多。风味酸甜适口,芳香浓郁,可溶性固形物含量14%以上,品质极上。在山东地区成熟期为9月下旬至10月上旬。

该品种树势健壮,萌芽率高,成枝力强,以中、短果枝结果为主。适应性强,栽培容易。果实硬度高,耐贮运。一个综合性状较好的晚熟红色品种。

(四) 阿巴特

原产法国。北京市顺义区2001年从意大利引进。果形独特,细长葫芦形,果个大,平均单果重275g。果皮黄绿色,阳面有红晕,皮厚,较光滑,有时有锈斑。萼片宿存,萼洼浅。果肉白色,后熟后为溶质,汁液多,味甜,有清香,果心小,可溶性固形物含量13.1%,品质上等。果实9月上旬成熟。

幼树生长健壮,结果后树势中庸。萌芽率高,成枝力中等。

以短果枝结果为主,成年树长、中、短果枝均能结果。抗黑星病、黑斑病能力强,极抗梨锈病,但抗枝干粗皮病能力差。

(五) 康佛伦斯

英国品种,果实细颈葫芦形,果个大,平均单果重260g左右。果皮绿黄色,阳面有淡红晕。果面平滑有光泽。果梗较长,与果肉连接处肥大。无梗洼,有唇形突起。萼片宿存,直立而半开张。萼洼浅广,有皱裙。果肉白色,肉质细,紧密,经后熟变柔软,汁多,味甜,有香气,果心较小,可溶性固形物含量14.2%,品质极上。果实9月中旬成熟。

植株生长势中等,萌芽力强,高接树第3年开始结果。自花授粉结实率高、丰产、稳产。适应能力较强,抗黑星病和梨木虱,抗寒、抗旱。果实9月上旬成熟,不耐贮藏。

(六) 八月红

早巴梨与早酥梨杂交品种。果实卵圆形,平均单果重260g,果皮底色淡黄色,向阳面红色。果肉乳白色,肉质细脆,汁多,味甜,香气较浓,品质上等,可溶性固形物含量12.9%。果实8月中下旬成熟。

生长势强,幼树直立,萌芽率高,成枝力中等。各类果枝及腋花芽结果能力均强。果台副梢连续结果能力强。结果早、丰产、抗黑星病,是有发展前途的红色品种。

第二节 对环境条件的要求

一、温度

温度是制约栽培范围的重要因子。梨树喜温,生育需要较高的温度，休眠期则需一定的低温。不同种类的梨对温度要求相差较大，同一种类的不同品种也有一定差异。梨树适宜的年平均温度秋子梨为4~12℃，白梨及西洋梨为7~15℃，沙梨为13~21℃。当土温达0.5℃以上时，根系开始活动，6~7℃时生长新根，其中杜梨要求温度低，沙梨和豆梨要求温度较高；超过30℃或低于0℃时即停止生长。当气温达5℃以上，梨芽开始萌动，气温达10℃以上即能开花，14℃以上开花加速。梨的耐寒力也不同，原产中国东北部的秋子梨极耐寒，野生种可耐-52℃低温，栽培种-30~-35℃；白梨类可耐-23~-25℃；沙梨类及西洋梨类可耐-20℃左右。

但不同品种也有差异，如白梨系的苹果梨可耐-29.8℃，而秋子梨系统的软儿梨，低于-23℃即有冻害。在山东莱阳茌梨花器的受冻临界温度，现蕾期为-5℃，花序分离期为-3.5℃，开花期1~2d为-1.5~-2℃，开花当天为-1.5℃。

二、光照

梨树喜光，年需日照时数在1 600~1 700h。光照不足影响花芽分化和果品质量，但梨的光合速率一般低于苹果，多在产生$CO_2$10mg/(dm^2·h)以上，但品种间差异较大，一般西洋梨最高，白梨次之，沙梨最低。据日本杉山报导，日本梨在5月，每天日照8~14h，光合生产率在3.42~5.2g/(m^2·d)就不致发生大小年了。

树冠内光照低于自然光照的30%，叶片就会变薄，叶色变淡，芽小、坐果率低，生长衰弱，影响果实产量和品质。因此在生产中要合理密植，培养合理的树形，控制树高和冠幅，保持良好的通风透光条件。

三、水分

秋子梨、白梨、西洋梨原产于夏季干燥地区,性喜干燥。沙梨原产于温暖、湿润地区,性喜湿润。梨需水量较苹果大,蒸腾系数(每生产1g干物质消耗水的克数)为284~401,其中西洋梨较低,为284~353。梨每平方米叶面积日蒸发水分约40g左右,低于10g时即能引起伤害。不同种类对水分要求也有差异,其中,沙梨需水量最高,要求栽培区年降雨量在1 000mm以上,其次为西洋梨和白梨,年降雨量为500~900mm,秋子梨需水量最少,年降雨量500~750mm即可满足要求。梨一年中需水最多的时期也是新梢旺长期和果实迅速膨大期。

梨树较耐涝、但并不喜涝,生长期中的沙梨在低氧水中9d,即凋萎。不同的砧木抗旱性和耐涝性也不同。杜梨既抗旱又耐涝,其次是豆梨和秋子梨,褐梨抗旱但不耐涝。雨量分布不均,久雨、久旱或旱后忽雨,常引起梨树生长不良,果小、裂果、易感病等这就需要及时旱灌涝排。

四、土壤

梨对土壤要求不严,沙土、壤土、黏土都可栽培,但仍以土层较深,土质疏松,排水良好,地下水位不过高的沙壤土为好。实践证明,沙壤土上结出的果实肉细,味甜,皮薄,外观美丽,而黏土地上结出的果实肉粗、味酸、皮较粗。

梨喜近中性的土壤,pH值在5.8~8.5均可生长良好。但不同种类的砧木对土壤要求不同。沙梨、豆梨要求偏酸,杜梨可偏碱。梨亦较耐盐。含盐量不超过0.25%均可正常生长。超过0.3%生长受抑,甚至死亡。其中,杜梨耐盐力较强,沙梨、豆梨较差。

第三节　花果管理

一、保花保果

（一）落花落果的时期和原因

梨树有落花重、落果轻的特点。落花一般发生在花后 7～10d，落果发生在盛花后 30～40d，一般不发生第二次落果。引起落花落果的主要原因有如下几个方面。

1. 营养不良

如果上一年结果过多，使树势衰弱，树体贮藏营养不足，导致花芽分化受阻，花芽质量差，出现花粉量少，花粉发芽率低，花粉管伸长慢等，影响树体授粉受精。

2. 授粉树数量不足或缺乏授粉媒介

梨树多数品种自花结实率低，有的品种花粉少，发芽率低，如果建园时授粉树配置不当，或者缺乏昆虫传粉，也能造成落花落果。

3. 气候不良

如果花期或幼果期遇到低温，造成花或幼果受冻，必然会出现落花落果。据莱阳观察，茌梨受冻的临界温度为：现蕾期 -5℃，花序分离期 -3.5℃，开花前 1～2d 为 -1.5～-2℃，开花当 d -1.5℃。另外，花期连阴雨，造成花粉黏滞，也能影响授粉受精，出现落花落果。

4. 树体旺长

如果氮肥和水分过多，修剪过重，枝条旺长，营养生长所消耗营养过多，也是造成落果的重要原因。

5. 药害

梨树花和幼果对农药极为敏感，若选用农药种类不当，配药浓度过高，盲目混配农药，喷药压力过大等，极易伤害花器官和幼果而造成落花落果。

(二) 提高坐果率的措施

1. 满足授粉需求

首先建园时要配置足够的授粉树，而且授粉树布局要合理。其次开花时创造良好的授粉受精条件，如人工辅助授粉，释放壁蜂或蜜蜂（方法参照苹果部分），花期不灌水，不打药等。

2. 增加树体营养

梨树花量大，开花期集中，从萌芽展叶，到开花坐果是消耗营养最多的时期，而且主要是消耗上年树体贮备营养，所以树体营养贮备少，落花落果即严重。生产上要求重视后期管理，早施基肥，秋季保护好叶片，改善树体光照，这些都能提高坐果率。另外，花期喷施 0.2%～0.3% 硼酸、0.3% 尿素、0.2% 磷酸二氢钾或其他有机营养液肥也能提高坐果率。

3. 早疏花果

通过修剪，控制花芽量，花序分离期疏除过多的花序，开花期疏花，幼果坐定后及时疏果，以减少树体营养消耗，能明显减轻落花落果。

4. 花期防霜

树体活动以后，特别是萌芽、开花及幼果期，如果出现晚霜，极易花芽、花期或幼果受冻，而出现严重的落花落果，有的年份甚至造成绝产。因此，在经常容易出现晚霜危害的地方，要注意防霜。

（1）适地建园是避免晚霜危害的根本措施。

（2）增施有机肥，提高树体抗冻能力。

（3）霜冻来临前园内浇水或冷空气来临时喷水，缓冲温度的下降速度。

（4）在冷空气到来时，在梨园周边点火烟熏。

（5）花前灌水，延迟萌芽开花，树干涂白，减少树体热量散发，都可减轻或防止晚霜危害。

二、疏花疏果

疏花疏果与保花保果是相辅相成的技术措施。盛果期梨树或生长较弱树，往往花芽量多，结果多。对树体生长和生产优质果不利，且易发生"大小年"。因此应采取"三疏"即疏花芽、疏花（蕾）、疏果的措施，控制全树的花量和适宜的留果量。

（一）疏花芽

冬季修剪时，疏除多余的花芽。使全树花芽叶芽比保持在 1∶1 或 3∶2 为宜。每 $667m^2$ 产果 2 000kg，多数品种可保留花芽 1.2 万只左右。实际操作时，可一个短果枝群留 1~2 个花芽。3~4 年生枝段上的短果枝一般 10cm 左右留 1 个花芽。

（二）疏花（蕾）

花蕾露出时，将过多的花蕾疏除，注意保留花序中长出的幼叶，是早期形成全树叶面积的基础。疏蕾标准按大型果每隔 25cm 留一个花序。注意疏弱留壮，疏小留大，疏密留稀，疏腋花芽，疏除萌动过迟的花蕾。开花期，每个花序保留 2~3 朵边花其余及时疏除。

（三）疏果

于花谢后 10~15d，一般每花序留 1 个果，疏除多余的果实，使叶果保持（25~30）:1。疏果时首先疏除病虫果、畸形果、受精不良果和无叶果。同一品种宜留果形较长、果梗长而粗、果面有光泽的幼果。黄金梨、丰水梨等尽量选留花萼不宿存的果。

疏果时，应看树留果，强壮树、健壮枝多留，反之则少留；树冠顶部多留，枝角小得多留；疏弱留强，疏小留大，疏密留稀，对一个枝组内的果实，应疏上下留两侧。并根据树体大小、树势强弱、果形大小、计划产量等因素确定留果量。例如，计划每 $667m^2$ 产 2 000kg 果实，要求单果重达到 250g 以上，则需留果子 8 000 个，加上 10% 的保险率，则应留果 9 000 个。如该园的株行距是 $3m×4m$，则每 $667m^2$ 栽树 56 株，每株树约留果 160 个。

三、果实套袋

梨果套袋能有效改善外观色泽，保持果面洁净，使果点小而浅，色泽均匀，有光泽，提高商品性；也可减轻病虫害、风害及裂果等，降低农药残留，提高果品的安全性；同时还可延缓采摘，延长货架寿命。

（一）果袋选择

随着果实套袋技术的推广，市场上各种类型的果袋相继出现。有单层的、双层的、有内黑的、有内白的等。套袋后的果皮色泽因袋质而异，青皮梨套白色袋可保持本色，随袋质遮光性能的增强，果皮色泽可由青黄色转淡黄色直至乳白色。褐皮梨皮色与袋质关系稍不明显，随遮光性能的增强，由浓褐色转至淡褐色。所以不同的品种按照不同的市场要求，应选择使用不同的果袋。但总体应选择防水性、透气性较好，且不易变形和破损的果袋。最好选用具有杀菌防虫效果的专用果袋。

(二) **套袋时间**

套袋一般在花后 20~30d 开始，北方梨区在 5 月中下旬疏果结束后进行。过早套袋，易折伤果柄，或袋重致使果柄弯曲，引起落果；套袋过晚，果实外观变差。黄金梨多采取二次套袋，即谢花后 15~20d 套小蜡袋，5 月下旬至 6 月上旬再在小袋外套一层大袋（最好是内纸压光外纸打蜡的），待幼果增大时，将小袋撑开，留在大袋内。

套袋前喷一次杀虫、杀菌剂，药剂干燥后再套。如套袋期遇降雨，雨后对未套园应再喷一次药后套袋。面积大的梨园可喷一片套一片。套袋前药剂最好不用乳剂，而用粉剂或水剂，以避免加重果面锈斑。其次要注意套袋质量，套袋时要先撑开袋口，左手托起袋底，撑开整个果袋，让袋底两通气排水口张开，再套上果实，使梨果正中置于袋中，避免果面与纸袋贴住。然后按折扇方式收紧袋口并扎紧扎实，使袋口不要形成漏斗型，以防雨水和农药等流入袋内。梨一般采前不需要摘袋，连同果袋一起采收。

第六章 葡 萄

第一节 主要优良品种

一、品种分类

葡萄栽培品种繁多,世界上有多达10 000个以上品种,我国约有1 000多个。葡萄属品种的分类有多种方法,包括按品种起源分类、按品种用途分类和按品种成熟期分类等。

(一) 按品种起源分类

1. 欧亚种群

这是葡萄属中最重要的一个种群,有5 000多个品种。包括世界上著名的优良鲜食、酿酒、制干、制汁的品种。主要特点是卷须间歇,果皮与果肉黏着不易分离,果品优质、丰产。但抗寒性、抗病性较差,绝大多数品种对葡萄根瘤蚜没有抵抗力。根据生态环境和地理条件又分为以下几种。

(1) 东方品种群。特点是果穗大、松散,多呈分枝形;果粒中或大,形状多样,椭圆、卵圆、倒卵或长圆形,果肉多为肉质或脆质,少数多汁,无香味;植株发育旺盛,生长期长,抗寒性弱,有强的抗旱性、抗盐碱性,对沙漠热风有较强的抵抗性。主要品种有:龙眼、白鸡心、黑鸡心、无核白、无核黑、牛奶、亚历山大等，是选育大粒、鲜食和无核品种的主要原始材料。

（2）黑海品种群。主要特点是果穗中大，多紧密，果粒中大，多圆形，果肉多汁。植株生长中庸或旺盛。与东方品种群比较，生长期较短，抗寒性较强，但抗旱性较差。对根瘤蚜有一定的抵抗力。主要适于酿酒，少数用于鲜食。可用作酿酒、鲜食品种选育的原始材料。代表品种有晚红蜜、白羽、富明特等。

（3）西欧品种群。这是在较好的生态条件下形成的品种群。果穗小紧密，圆柱或圆锥形；果粒小或中，圆形；果肉多汁，抗寒性较强。绝大多数品种适于酿酒，可用做酿酒品种选育的原始材料。优良的酿酒品种有：意斯林、赤霞珠、法国蓝、佳利酿、雷司令、品丽珠等。

（4）欧亚杂交品种群。常用东亚种群的山葡萄、婴奥葡萄（抗寒）与欧洲品种杂交及回交，培育抗寒新品种。杂种后代在形态上多倾向于野生亲本，在品质方面多劣于栽培亲本。代表品种：北玫、北红、北醇、公酿一号、公酿二号、北方晚红蜜、早紫等。

2. 北美种群

典型特征是卷须连续，果皮易与果肉分离，种子与果肉不易分离；具有特殊的狐臭或草莓香味。生长势强，比较抗寒耐湿；较抗真菌病害，但不抗根瘤蚜。可作为选育抗逆性品种和砧木的原材料。代表品种：康可、香槟、卡它巴、黑虎香等。砧木品种有贝达（美洲葡萄与河岸葡萄杂交）、99R、110R、140R、SO4、8B、3309C、3306C等。

3. 欧美杂交种

这是欧洲葡萄与北美种群一代杂交、回交或多亲杂交育成的品种。特性介于欧亚种和美洲种之间,品种抗逆性强,抗寒、抗病(黑痘病)和抗根瘤蚜,品质优良。代表品种有巨峰系列、伊沙贝拉、康拜尔早生、白香蕉、黑佳酿等。

(二) 按品种的成熟期分类

根据从萌芽到果实充分成熟所需的天数和大于等于10℃的活动积温,可将葡萄品种分为5类。

1. 极早熟品种

生长天数 100~115d,活动积温 2 000~2 400℃。

2. 早熟品种

生长天数 115~130d,活动积温 2 400~2 800℃。

3. 中熟品种

生长天数 130~145d,活动积温 2 800~3 200℃。

4. 晚熟品种

生长天数 145~160d,活动积温 3 200~3 500℃。

5. 极晚熟品种

生长天数 160d 以上,活动积温 3 500℃以上。

二、主要优良品种

(一) 鲜食品种

1. 无核早红

又名8611、无核早红提,河北省昌黎果树所以郑州早红与巨峰杂交培育的极早熟无核品种。果穗圆锥形,平均穗重200g左右,果实椭圆形,粒重4~4.5g。果皮鲜红色,可溶性固形物含量12%~15%。从萌芽到成熟需95~100d。

2. 夏黑 (Summer black)

又名夏黑无核,日本品种,是巨峰与无核白杂交培育的极早熟无核品种。果穗圆锥形，果穗紧凑，穗重450~500g，果粒椭圆形，粒重3~3.5g左右，果粒紫黑色，果粉浓，果皮厚，肉质硬脆，含可溶性固形物16%~20%，可滴定酸0.5%~0.6%。口感佳，浓甜爽口，有浓郁草莓香味，品质优。从萌芽到果实充分成熟的生长期为100~105d。

3. 奥迪亚无核（Otilia seedless）

系罗马尼亚以利比亚与波尔莱特（Perktte）杂交培育的早熟无核品种，欧亚品种。果穗大、圆锥形，整齐无小粒，平均穗重422~503g。果粒着生紧凑，着色、成熟均一致；果粒大，椭圆形，果皮紫黑色、着色好；平均粒重3.80~3.95g，果粉厚，果肉硬脆，可溶性固形物含量17%以上。从萌芽到果实充分成熟的生长日数为105~110d。

4. 优无核（Superior seedless）

又叫黄提、金女皇、上等无核、超级无核，系美国加州以绯红（Cardinal）与未命名无核品种杂交育成。果穗圆锥形，重500~600g，果粒近短椭圆形，均重5~6g，成熟后微黄色，皮薄，肉脆，多汁，酸甜适口，可溶性固形物含量17%~18%，从萌芽到果实充分成熟的生长日数为140d左右。

5. 森田尼无核（Centenial seedless）

又叫无核白鸡心、青提、世纪无核，系美国加州大学以GOLD与Q25-6杂交育成。果穗圆锥形，平均穗重500g。果粒鸡心形，浅黄绿色，自然粒重5g。果皮黄绿色至金黄色，果肉硬脆多汁，含可溶性固形物16%左右，从萌芽至果实成熟115d左右。

6. 克瑞森无核（Crimson seedless）

又叫绯红无核、淑女红，由美国加州戴维斯农学院以皇帝（Emperor）和C33-199杂交育成的红色、非常晚熟的硬肉鲜食优良品种。果穗圆锥形,重500g,果粒椭圆形,重5~6g,果皮亮红色,果肉脆甜,可溶性固形物含量17%以上,品质极佳,极耐贮运,10月中旬~11月上旬成熟。

7. 红双味

山东省酿酒葡萄研究所于1985年用葡萄园皇后为母本,红香蕉为父本杂交育成。果穗圆锥形,一般穗重650g,最大穗重850g。果粒椭圆形,平均粒重7~8g,最大粒重8.5g,果粒着生中等紧密,果皮红紫色,外观美。含可溶性固形物17.5%~21%,果实风味佳,兼具香蕉味和玫瑰香双重风味,口感奇特,故称"红双味葡萄"。

8. 贵妃玫瑰

该品种系1985年用红香蕉作母本,葡萄园皇后为父本杂交育成。果穗大,一般穗重700g,最大穗重800g。果粒圆形,平均粒重9g,最大11g,果皮黄绿色。果肉脆甜,具浓玫瑰香味,含可溶性固形物20%,是一个适合大棚和温室栽培的早熟优良绿色新品种。

9. 凤凰51

欧亚种,大连农业科学研究所育成。果穗中等或大,平均重350~420g,圆锥形,极紧密。果粒大,圆形或椭圆形,部分成熟果粒有3~4条线瓣沟,果实深红色,果皮中厚。平均粒重8g,果肉脆、爽口,具玫瑰香味。果皮与果肉难分离,可溶性固形物含量18%,含酸量0.6%左右。丰产性好,属于早熟优良品种。

10. 维多利亚

由罗马尼亚德哥沙尼葡萄试验站以绯红与保尔加尔杂交育成。果穗圆锥形或圆柱形,平均穗重630g,果粒长椭圆锥形,平均粒重9.5g,肉质脆,味甘甜爽口,可溶性固形物含量达

16.0%，含酸量 0.37%。由萌芽至果实充分成熟需要 124~134d，为早熟品种。

11. 高妻

欧美杂交种，由日本用先锋与森田尼尔杂交育成的四倍体巨峰群品种。果穗圆锥形，穗大，平均穗重 500~1 000g。着粒中等紧密，果粒短椭圆形，黑色或紫黑色，果粒大，一般粒重 10~17g，最大 20g。果皮厚，较难剥离，果肉中等软硬，肉质好，含可溶性固形物 17%~19%，含酸量 0.5%~0.65%，有草莓香味，是优于藤稔葡萄的换代品种。

12. 红地球

又名大红球、晚红、红提。欧亚种，美国加州大学于 1980 年育成，是优良的晚熟、鲜食、二倍体大粒品种，1987 年从美国引入我国。果穗长圆锥形，平均穗重 800~1 400g，大者可达 2 500g。果粒圆形或卵圆形，平均粒重 12~14g，大者可达 22g，果粒大小均匀，着生松紧适度。果皮中厚，暗紫色，果肉硬脆，味甜，含可溶性固形物 17%，品质优。

13. 美人指（Mjnjcuye Fjngey）

欧亚种，1988 年日本用尤尼坤与马巴拉底 2 号杂交育成。果穗长圆锥形，中大，无副穗，初结果时一般穗重 300~400g，丰产期果穗一般在 450~600g，最大 1 750g。果粒大，细长型，平均粒重 11~12g，最大 13~20g。果实纵横径之比 3∶1。果实先端为鲜红色，润滑光亮，基部颜色稍淡，恰如染了红指甲的美女手指，外观极奇特艳丽，故此得名。果肉与果皮分离，皮薄而韧，不易裂果。果肉紧脆呈半透明状，可切片，味甜爽口，无香味，可溶性固形物达 16%~19%，品质上。

14. 红意大利

欧亚种，又名红宝石、奥山红宝石，为意大利的红色芽变，

1985年从日本引进。果穗大，多为长圆锥形，重600~800g，最大穗重1 500g以上。果粒着生紧而整齐，无小粒现象，果倒卵形，平均重10g左右，最大16g。成熟后果皮为深红色，晶莹透明，类似红宝石。果肉硬脆，味甜爽口，略有玫瑰香味，酸度少，可溶性固形物含量18%~20%，为优良极晚熟鲜食品种。

15. 金手指

欧美杂交种，原产日本。以果实的色泽和性状命名为金手指。果穗长圆锥形，松紧适度，平均穗重800~1 000 g，最大3 000g。果粒长椭圆形，略弯曲，成弓状，黄白色，平均粒重8~10g，最大20g。果粉厚，擦掉果粉呈亮黄色。果皮中等厚，韧性强，不裂果，可剥离。果肉硬，耐贮运。含可溶性固型物20%~22%，甘甜爽口，有浓郁的冰糖味和牛奶味。比巨峰早熟10~15d，由萌芽至果实充分成熟需110~120d，为优良早熟品种。

（二）酿酒品种

1. 酿造白葡萄酒品种

（1）霞多丽（Chardormay）。又称莎当妮，欧亚种，原产法国。果穗小，平均重200g左右，圆柱形，有副穗。果粒着生较紧密，平均粒重1.4~1.6g，圆形，绿黄色，汁多，可溶性固形物含量14.8%~19%，为晚中熟品种。由它酿成的酒，淡黄色，澄清透明，具悦人的果香，醇和润口，酸恰当，回味好，有独特的风味，酒质上等。最昂贵的干白葡萄酒就是来自莎当妮葡萄。它在法国勃艮第最为著名，酒质也最好。它富有西柚、菠萝、苹果的味道。蕴藏在橡木桶的莎当妮，更有幽香的香草牛油及干果仁味道。

（2）雷司令（Riesling）。欧亚种，原产德国，是莱茵河畔的精品葡萄品种。果穗小,平均穗重177g,圆柱形或圆锥形,带副穗,穗梗短。果粒长,着生紧密,平均粒重1.5~1.7g,圆形,黄绿色,整齐,果皮薄,果香独特,果肉多汁,含糖量17.7%,含酸量0.78%。产量中等,在欧洲葡萄品种中抗寒性较强。酿制的白葡萄酒浅黄绿色,澄清发亮,果香浓馥,醇和爽口,回味绵延,是酿制干白葡萄的优良品种。

(3) 琼瑶浆(Gewurztraminer)。又名格乌兹莱妮、特拉密(Traminer),原产中欧(德国南部、奥地利及意大利北部),欧亚种。果穗中等大,圆锥形。果粒着生紧,粒小,近圆形,粉红至紫红色,平均粒重1.7~2.1g。汁多味甜,可溶性固形物含量18%~21%,含酸量0.8%~0.9%,出汁率75%。所酿之酒浅黄色,果香浓郁,柔和爽口,酒体完整。它富有浓郁芬芳的荔枝香气,更有水蜜桃、香料、玉桂、玫瑰花等清新口感,是女士们最喜欢的白葡萄酒。

(4) 赛美蓉(Semillon)。欧亚种,原产法国。果穗中等大,平均重250~300g,圆锥形,有副穗。果粒着生紧密,平均粒重2.5~3.3g,圆形,绿黄色,皮薄,肉软汁多,味甜,可溶性固形物含量21%,含酸量0.6%~0.7%。由萌芽至果实充分成熟需要130~140d,为中晚熟品种。赛美蓉的酸度低,非常适合用来做甜酒。由它酿成的酒,浅黄微带绿色,澄清透明,带有明显的柑橘味道,有时也会带少许蜂蜜、无花果和雪茄味。果香酒香浓郁,柔和爽口,酒质上等。赛美蓉以生产贵腐酒著名,葡萄皮适合 *Botrytis cinerea* 霉菌的生长,此霉菌不仅吸取葡萄中水分,增高赛美蓉糖分含量,且因其于葡萄皮上所产生的化学变化,提高酒石酸度,并产生如蜂蜜及糖渍水果等特殊丰富的香味。

(5) 白玉霓(UgniBlanc)。又名白玉尼、小白、白羽霓、白友谊、脆比诺，原产法国、欧亚种。果穗大，双歧肩或多歧肩圆锥形，平均穗重660g。果粒着生紧密，粒圆形，绿黄色或黄绿色，平均粒重3.5g。皮薄、肉软多汁，味酸甜。浆果含糖量15%~18%，含酸量0.8%~1.0%，出汁率75%~80%。一般生长日数130~135d，有效积温3 100℃左右，属中晚熟品种。所酿之酒微黄，澄清晶亮，果香浓，醇和爽口，略酸，回味良好，是法国科涅克（Cognac）地区著名的酿造白兰地优良品种。

2. 酿制红葡萄酒品种

（1）赤霞珠（Cabernet Sauvignon）。又译为苏维翁、嘉本纳沙威浓，原产法国，是世界著名的干红酿造品种。果穗中小，圆锥形或圆柱形，带副穗，平均穗重175g。果粒小较紧密，圆形，平均粒重1.3g。果实蓝黑色被浓果粉，果皮厚，果肉多汁，果汁具特别香味如紫罗兰和野果香味，稍涩。可溶性固形物含量平均19.4%，含酸量平均0.7%。为晚熟品种。其酒新酿成时颜色深紫，单宁味和青草味过于突出而显生硬，必须经过橡木桶长期陈酿才能显现优良本色。因此，在波尔多从不单独种植赤霞珠，而是和梅露辄、品丽珠、味儿多或高特等一起种植和酿造，以便使其酒尽快成熟。

（2）品丽珠（Cabernet Franc）。别名佛朗、卡门耐特，欧亚种，原产法国。果穗中小，松紧适中，穗重200~450g。果粒着生紧密，圆形，紫黑色，果皮厚，平均粒重1.4~1.5g，肉较多汁，有青草味。可溶性固形物含量平均18%左右，含酸量平均在0.7%左右。成熟期比赤霞珠早1周左右。从萌芽至果实成熟平均需150d左右，有效积温3 400℃。晚熟品种。单品种酒色素含量中等，成熟快，果香浓郁，口感柔和，酒体柔润富有红莓子、红黑醋栗味道。

（3）蛇龙珠（Cabernet Gernischet）。蛇龙珠自1892年引

进烟台，一向被国人认为是法国品种，并且与赤霞珠、品丽珠合称三珠姊妹系，而实际上法国并无此品种之名，德国也无此品种栽培。但该品种与解百纳系列品种的确有着密切的亲缘关系。果穗中，圆锥形或圆柱形，平均穗重200g左右。果粒着生紧密，粒中大，圆形，紫黑色。平均粒重2g左右。汁多、味酸甜，具"解百纳"香型。可溶性固形物含量16%~20%。生长日数150d左右，有效积温3 300~3 400℃，属中晚熟品种。所酿酒宝石红色，单宁不突出，口味柔爽，有解百纳的香气。

（4）梅洛（Merlot）。又称美乐、梅鹿汁、梅乐、梅鹿特。原产法国，欧亚种。果穗中，歧肩圆锥形，带副穗，平均穗重200g左右。果粒着生中等紧密或疏松，粒卵圆形，紫黑色，平均粒重1.8~2.5g。汁多味甜，果皮较厚，可溶性固形物含量18%~20%，含酸量0.7%~0.9%。生长期为130~140d，有效积温3 000~3 100℃。所酿之酒宝石红色，成熟早，酒质柔顺，酒色较重，酒精含量微高，口感微酸。

（5）西拉（Syrah）。又名设拉子（Shiraz）、雪拉子，原产法国。果穗中等大，平均穗重243~275g，圆锥或圆柱形，带歧肩，有副穗。果粒着生紧密，近圆形或椭圆形，平均粒重2~2.5g。果皮色素丰富，果蓝黑色，具有独特香气。可溶性固形物含量20%左右，含酸量0.8%左右。是优良的中熟品种。所酿造的干红酒度高，色泽呈蓝色，适于陈酿，发酵后产生的复合型果香典型性突出，具有紫罗兰、橄榄香或皮革香。酒质细腻，醇厚，酸度相对较低。用其酿造的桃红酒果香丰富，品质极佳。

第二节 对环境条件的要求

一、温度

温度是影响葡萄生长和结果最重要的气象因素。在春季当气温达到 7~10℃时（地温 10℃左右），葡萄根系开始活动；在 25~30℃时生长最快，35℃以上时生长受到抑制。10~12℃时开始萌芽。葡萄新梢生长、开花、结果和花芽分化的适宜温度为 25~30℃。开花期间如出现低温天气（<15℃），葡萄就不能正常开花和授粉受精。鲜食葡萄和制干葡萄浆果成熟期的适宜温度为 28~32℃，而酿酒葡萄则为 17~24℃。不同成熟期的葡萄，要求达到一定的有效积温后，果实才能充分成熟。

低温对葡萄的伤害是世界葡萄栽培中常遇到的问题。不同种和品种之间抗寒力差异很大、不同组织和器官之间也有相当差别。通常情况下，美洲葡萄的抗寒力大于欧亚种。根系是抗寒性最弱的器官，大部分葡萄的根系在 -5℃左右即受冻致死。但山葡萄能耐 -15.5℃。为了减轻根系冻害、采用山葡萄和贝达（Beta）作抗寒砧木，使葡萄通过埋土防寒能在较寒冷地区栽培，有重要的经济价值。一般认为，多年平均最低温度在 -15~-14℃的地方，葡萄可不埋土越冬，而在低于 -15℃的地方只有进行程度不等的覆土，葡萄才能安全越冬。葡萄的冬芽抗寒能力比较弱，其次是成熟的一年生枝条，多年生枝条、主干最抗寒。欧亚种葡萄的芽眼，在冬季能耐 -20~-18℃的低温，但如果枝条成熟度较差，在 -15~-10℃时，芽就会受冻，在 -18℃的低温持续 3~5d，不仅芽眼受冻，枝条也会受冻。北方地区冬季低温造成的伤害，往往是与干旱缺水相关联。

缺水导致葡萄的耐寒性下降。春季的嫩梢和幼叶在-1℃时即开始受冻,0℃时花序受冻。

二、光照

太阳光是葡萄进行光合作用唯一的能源,是葡萄进行能量和物质循环的动力,葡萄产量和品质的90%~95%来源于光合作用。葡萄是喜光果树,长日照植物。在葡萄生长季节、充足的光照使花芽分化良好,叶片生长色绿、肥厚,新梢粗壮,果实着色良好,尤其是对光照特别敏感的欧洲种葡萄,只有在阳光直射条件下才能着色正常。葡萄对光照的需求,也并不是光照越强越好。夏季中午高温伴随着强烈的光照,果面温度可达50℃以上,常会发生日烧病。叶片在中午光照条件最好的时候,则又会发生"午睡现象"。

在我国一般葡萄园太阳能的利用率仅为0.5%左右,现代科学一直在追求利用太阳能,提高转化率,挖掘增产潜力以达到高产优质。

三、水分

自然降水的多寡和降水量的季节分配,强烈地影响着葡萄的生长和发育、产量和品质。一般认为,生育期内至少需要250-350mm的降雨量。春季芽眼萌发新梢生长,如果雨量充沛,有利于花序原始体继续分化和新梢生长。葡萄开花期需要晴朗温暖和相对较为干旱的天气。天气潮湿或连续阴雨低温会阻碍正常的开花和授粉受精,引起幼果脱落。成熟期雨水过多或阴雨连绵都会引起葡萄糖分降低,病害滋生,果实烂裂,严重影响葡萄的品质。葡萄生长后期多雨,新梢成熟不良,越冬时容易受冻。

四、土壤

影响葡萄生长发育的土壤因素包括土壤通气、土壤水分、土壤养分及土壤的酸碱度等因素。葡萄对土壤的适应力较强,从沙土到黏土都能生长,但以轻松的沙土或沙质土和带有大量粗沙和石砾的山根土为好。黏重土壤的土层厚,保肥保水能力强,但容易引起葡萄旺盛生长,进而影响结果和品质。此外,微酸性土(pH 值不低于 5)和微碱性土壤(pH 值不超过 8.5)都可种葡萄。盐碱地经过改良和排盐,土壤盐分降到 0.2% 以下时,栽培葡萄也能成活良好。不同的葡萄品种只有在适合自身条件的土壤中才能生产出优质的果实。

第三节 花果管理

为使葡萄枝蔓在架面上能合理分布,维持合理叶幕结构;调节植株生长与结果的关系,促进植株的生长和结果;同时便于管理和预防病虫危害。必须及时加强树体管理。

一、枝蔓管理

(一) 出土绑蔓

对于冬季需要埋土防寒的地区,在严冬过后葡萄芽眼开始活动膨大以前,必须及时完成出土上架工作。由于我国大部分地区早春气温升降变化比较大,出土的时间不能过早,必须在气温相对稳定时进行。但也不能过晚,必须在萌芽前结束。一般山东、冀南、冀中地区在 3 月中下旬,北京、大连在 4 月中旬,冀北、东北地区在 4 月中下旬,新疆维吾尔自治区的吐鲁番在3月初至3月下旬，甘肃、宁夏回族自治区等在5月上旬。

出土后检查葡萄植株芽眼的越冬情况，并进行简单复剪，除去遗留的老庄、多余枝蔓及修整受伤创口。然后将枝蔓按照整形要求，均匀绑缚于架面上。同时刮除主干和老蔓上的翘皮。

（二）抹芽与定梢

1. 抹芽

抹芽在芽眼萌动后至展叶前进行，在芽萌动后10~15d。主要抹除植株基部、主干和多年生老蔓上的萌蘖及双生芽、三生芽中的副芽、弱芽、过密芽等。留稀不留密，留强不留弱。

2. 定梢

在新梢花序显现并能分辨出花序大小时进行，按新梢数量分布定梢。除梢可分2次进行，第一次除梢在花序刚出现，能区分结果枝和营养枝时进行，以除去营养枝为主，保留结果枝，补空或更新用的营养枝，此次除梢占应除梢量的70%~80%。第二次除梢在花序已全部出现至开花前进行，按密度选留生长好、花穗饱满的结果枝，疏除病虫梢、密挤梢、隐芽梢。新梢篱架平均每平方米保留15~20个，棚架10~15个。

（三）摘心

摘心是指对主梢的梢尖连同幼叶摘除一部分，摘心的时间因品种、生长势和栽培条件的不同而变化。一般认为结果枝摘心以花前1周至初花期为宜。据研究，当叶片长到正常叶片的1/3大小时，其本身所制造的营养物质正好能够满足自己需要。因此，可将1/3叶片的大小作为摘心程度的依据，即在小于正常叶片1/3的幼叶位置将梢尖掐去。生产上经常用保留花序以上叶片的数目，作为摘心程度的根据。一般保留6~8片叶片，生长势强的保留较多，反之较少。发育枝的摘心根据整形和实际需要确定摘心的时间和程度。一般如拟留作延长枝，可留15~20片叶摘心，如拟留作下年结果母枝，可留10~15片叶。在8月中下旬，为促进所有新梢成熟应全部摘心。

（四）副梢处理

葡萄的夏芽随着新梢的生长，当年能萌发形成多次副梢。为更好的促进养分的合理分配，改善通风透光条件，整个生长季要对副梢进行处理。一般果穗以下的副梢全部去掉，果穗以上的副梢主要有以下几种处理方法。

1. 副梢全除（逼冬芽法）

分次抹除所有的副梢，包括顶端副梢，迫使顶部冬芽萌发。对顶部萌发的新梢留1个延长生长，留4~6片叶反复摘心。此法省去了对夏芽副梢的反复处理，省工省事。

2. 顶留侧除

只留顶端1~2个副梢，留4~6片叶摘心，其上发出的二次副梢留先端1个保留4~6叶摘心，全部抹除顶端以下的副梢及后续的二次、三次副梢。

3. 顶留侧留

顶端留1~2个副梢，留4~6叶摘心，其上发出的二次副梢留1~2叶反复摘心。对其余的副梢及后续副梢留1~2叶反复摘心。

4. 单叶绝后

对每个副梢都留1片叶摘心，同时将该叶的腋芽抠去，使其丧失萌发二次副梢的能力。此法无需反复去副梢，且留下的叶片生长快而大，可显著增加新梢上冬芽的营养水平，促进花芽发育。

(五) 摘除卷须和老叶

卷须是葡萄的附着和攀缘器官，野生状态下用于依附在其他东西上。栽培条件下，为防止卷须无秩序的附着在架面上和节省养分，必须随时将卷须摘除。

在葡萄成熟前1个月开始，将果穗基部以下的老叶和周围遮挡光线的老叶摘除，不仅有利于通风透光，促进浆果上色，还能降低果穗的发病率。

二、花果管理

为合理调整产量，平衡营养生长和生殖生长的关系，提高坐果率和改善葡萄的品质等，在葡萄的生长期，必须采取有效措施，确保果实高产、果大、型正、色艳、味浓和可溶性固形物含量高等，以提高其商品性能。

(一) 疏花序

疏花序是指将结果枝上的花穗整个去掉。保留花序的数量要根据计划产量确定。疏花序的时期一般在花前10d至始花期为宜。首先将弱小畸形和过密的花序疏去。生产上通常依据结果枝的强弱程度而采取不同的技术措施。生长势弱的结果枝一般不留花序，中庸结果枝可留1个花序，壮结果枝可留2个花序，强旺结果枝和主蔓延长枝可保留2~3个花序。每平方米架面应控制在9~12个。坐果率低的品种如巨峰，可不疏花序，坐果后进行疏果。

(二) 掐穗尖和花序整形

掐穗尖和花序整形一般在花前一周内进行。过早花序不够伸展，过晚养分消耗过多。根据经验，对玫瑰香及巨峰系葡萄于花前一周左右掐去花序总长的1/5~1/4。掐穗尖后，不仅起到了疏花的作用，而且还减少了果穗尖端易发生软尖或水罐子病的危险。为获得整齐一致的果穗，除了掐除穗尖外，还要去掉副穗。如果再除去穗轴上部的部分小穗，只保留花序中下部的部分小穗，则穗形更加美观。果实生长后期和采收前还应进行一次补充果穗整理，但这次工作的主要目的是除去病粒、伤粒和裂果。有时为了减少用工量，这次果穗整理可与采收同步进行。酿造品种一般不进行花序修剪。

（三）疏果

在落花落果后果粒如黄豆粒大小时进行，一般是谢花后 7~10d。主要疏除受精不良不能发育的小粒、畸形粒、密挤粒，所留果粒大小要均匀一致，一般果穗基部的几个小穗留 4 粒，逐渐向下留 3 粒、2 粒、1 粒，每穗留果 50~60 粒。果穗整形后果粒紧凑，外形美观，大大提高果实的商品价值。

（四）顺穗

顺穗在 6 月中旬进行，结合绑蔓把裸露在架外被太阳晒着的果穗、卡在铁丝中间的果穗等顺理下来。顺穗宜在一天的下午进行，这时穗梗柔软不易折断。

（五）套袋

套袋是保证果穗穗形美观的重要措施，它不但可以防止病虫和鸟等对果穗的危害，还有防止裂果、提早成熟的作用，而且果粒色泽良好，果粉保存完整，能充分体现出该品种特有的自然特性。

套袋在第一次果穗整理后进行。套袋前可先在果穗上喷 1 次杀菌剂，如多菌灵、甲基托布津、喷克、大生等，待药液干后即可开始套袋。袋子可用专门供葡萄用的商品纸袋，或用报纸或质地略好的纸制作。葡萄纸袋的长度为 30~40cm，宽 20~

30cm，具体长度、宽度按所套品种果穗成熟时的长度和宽度而定，但一定要大于其长和宽。套袋后在进行田间管理时不要碰动纸袋，防止影响果穗和果粒。每10d左右检查1次，如袋有破损，应及时换袋并补喷农药。为促进果实着色，应于成熟前20d摘袋，摘袋一般在17：00以后进行，摘袋前先撕开一小口，使果实有一个适应的过程，然后逐渐去袋。

三、埋土防寒

一般认为，冬季-17℃的绝对最低温等温线是我国葡萄冬季埋土防寒与不埋土防寒露地越冬的分界线。我国葡萄冬季覆盖与不覆盖的分界线大致在从山东莱州到济南、河南新乡、山西晋城、临猗、陕西大荔、泾阳、乾县、宝鸡、甘肃天水，然后南到四川平武、马尔康、云南丽江一线。此线以南地区葡萄可以不覆盖安全越冬；而在此线以北冬季绝对低温为-21℃~-17℃的地区，需要埋土防寒，轻度覆盖才能安全越冬；在冬季绝对最低温-21℃线以北的地区栽培葡萄，冬季要埋土防寒严密覆盖，否则将会发生冻害。在埋土防寒线附近的地区，入冬前也应对植株进行简易覆土防寒，以防冬季突然降温导致葡萄植株受冻。栽培抗寒性较弱的红地球、奥山红宝石、乍娜、葡萄园皇后、瓶儿、里扎马特等品种的地区更应重视埋土防寒工作。

埋土防寒的时间和方法应根据当地气候和土壤条件以及葡萄品种和砧木的抗寒性而定。

（一）埋土防寒时间

一般在当地土壤封冻前10~15d即应开始进行埋土防寒。如果埋土过早，因土温高、湿度大，芽眼易霉烂；埋土过迟，土壤冻结,不仅取土不易,同时因土块大,封土不严,防寒效果减弱。埋土防寒的厚度以根系周围1m范围内、地下60cm土层内的根系不受冻为宜。

(二) 埋土防寒方法

1. 地上全埋法

地面不挖沟进行埋土防寒。方法是修剪后将植株枝蔓捆缚在一起,缓缓压倒在地面上,然后用细土覆盖严实。压倒前要先在植株的基部垫上"枕头土",防止基部受损。取土沟的内壁应距防寒土堆至少50cm以上,以防侧冻。也可用秸秆等覆盖枝蔓,然后用土将枝蔓连同有机物一起盖严。

2. 地下全埋法

顺行间挖沟,沟的大小以能放入枝蔓为度,一般深、宽各50cm左右。然后将其枝蔓捆在一起,顺沟放好,用木棍搭棚,棚上盖草或作物秸秆,再盖土30~50cm厚。此法称为空心防寒法。如果用土直接覆盖埋严,则称为实埋法。

3. 局部埋土法

又称根颈部覆土。在一些冬季绝对最低温高于-15℃的地区,植株冬季不下架,封冻前在植株基部堆50cm高的土堆保护根颈部。此法仅适用于抗寒能力强的品种和最低温度在-15℃以上的地方采用。若采用抗寒砧木(如贝达、北醇等)嫁接的葡萄,埋土防寒可以简单一些。一般壤土和平坦葡萄园的覆土浓度要薄些,沙土和山地葡萄园要厚些。

无论采用何种方法防寒,埋土前都要浇一次封冻水,以满足冬季葡萄对水分的要求。

第七章 桃

第一节 主要优良品种

桃品种很多,全世界有3 000个以上,我国约有1 000余个,而用于生产栽培的约百余个。按成熟期可分为极早熟、早熟、中熟、晚熟和极晚熟5类;按果肉色泽可分为黄肉桃和白肉桃;按用途可分为鲜食、加工、兼用品种以及观花用的观赏桃等;按果实特征可分为普通桃、油桃、蟠桃和油蟠桃四大类型。

在不同桃品种中,普通桃是我国传统栽培量最大的品种类型,占80%以上。近几年来,油桃栽培量有上升趋势,蟠桃也开始走俏市场。现将目前生产上的主要桃树品种介绍如下。

一、普通桃

1. 早霞露

果实生育期较短,约55 d,为极早熟品种,果实长圆形,平均单果重为85 g,最大果重150 g,果皮淡绿色,顶部有红晕,外观美,易剥皮,果肉乳白色,肉质柔软多汁,味较甜,略有香气,可溶性固形物含量10%,黏核。

该品种树势中庸,树姿开张,以中、长果枝结果为主,复花芽多,花粉量大,丰产稳产。

2. 雨花露

果实生育期为70d左右，果实长圆形，平均单果重125g，最大果重150g，果面乳白色着红条纹，果肉白色，柔软多汁，风味甜，有香气，可溶性固形物含量为12%，品质上等，半离核。

该品种树势强健，树姿开张，各类果枝均能结果。复花芽多，花粉量大，自花结实率高，丰产稳定，也是良好的授粉品种。

3. 安农水蜜

果实生育期为73d左右，果实特大，平均单果重245g，最大果重600g，果实长圆形，底色黄白，面着红霞，外观较美，味甜汁多，风味浓郁，半离核，可溶性固形物11.5%~13.5%。

该品种树体强健，枝条粗壮，生长量大，复花芽较少，幼树期以中、长果枝结果为主，大树以中、短果枝结果为主，成花较晚，修剪幼树时应轻剪长放，促其成花。另外该品种对肥水要求较高。花粉少，建园时需配授粉树。

4. 春艳

果实生育期为65d，果形圆正，果实大，平均单果重120g以上，最大果重210g，底色乳白娇嫩，面色鲜红，外观美丽。果肉白，质地细，香气浓，味甜、汁多、爽口，可溶性固形物含量12%~14%，品质佳。

该品种树势健壮，树姿开张，复花芽多，自花结实能力强，结果早、丰产、稳产。适应性强，抗寒抗旱，是保护地栽培的理想品种，也是露地栽培很好的极早熟品种。

5. 早凤王

系早凤桃的芽变品种。果实生育期为75d，果实近圆形，平均单果重312g，最大果重620g。果皮底色白，果面深粉红色，全面披条状或片状红霞，着色良好，艳丽美观，果实硬脆而甜，口感好，可溶性固形物含量为11.2%，黏核。

该品种树势强健，树姿半开张，发枝量大，成形快，复花芽多，坐果率高，花芽着生节位低，抗逆性强，是一个有发展前途的早熟、丰产、稳产的优良新品种。

6. 青研1号

系青岛市农科所用上海水蜜自然杂交培育而成。该品种果个大，平均单果重257g，果实长圆形至近圆形，果顶微凹，缝合线浅而明显，梗洼中大。果面极易着色，大部分鲜红。果肉白色，近皮部散生红色。肉脆，味甜，完熟时柔软多汁，含可溶性固形物9.23%，黏核。果实生育期73~74d，在青岛地区6月底成熟。

该品种树姿开张，树势中庸，长枝结果率较高，早实丰产。但花粉少，自花结实率低，栽植时需配置授粉树。较抗白粉病。

7. 仓方早生

系日本品种。果实大，平均果重240g，最大果重450g。果实圆形，果顶平，梗洼较深，缝合线浅而不明显。果面全红，外观美丽。果肉乳白色，带有红色，硬溶质，肉质细，汁液多，风味甜，可溶性固形物含量13%以上，黏核，核偏小。耐贮运。果实7月上中旬成熟。

该品种树势强健，树姿开张，萌芽率、成枝力均强。幼树期以长果枝结果为主，成龄树以中、短果枝结果为主，结果枝粗壮，稍稀，花芽起始节位较低，复花芽多，花粉败育。适应性广，抗性强。

8. 大久保

果个大，平均果重200~300g。果实近圆形，果顶圆，微凹，缝合线较明显。果面黄绿色，阳面有红晕。果皮稍厚，充分成熟后离皮。果肉乳白色,阳面近皮处果肉有少量红色,离核,近核处稍有红色,果肉硬溶质。味香甜,品质上,较耐贮运。8月上旬成熟。

该品种树势中等偏弱,树姿极开张,枝条易下垂。以长果枝结果为主,复花芽多,副梢结果能力强。花粉多,坐果率高,丰产,是一个极好的鲜食和加工兼用品种。

9. 新川中岛

系日本的池田氏从川中岛白桃中选育的优良品系。果实大,平均果重260~350g。果实圆形至椭圆形,果顶平,缝合线不明显,两侧对称。果皮底色黄白,成熟时全面着鲜艳红色,果面光洁,绒毛稀而短。果肉黄白色,肉质致密,汁多,味甜,含可溶性固形物15%~18%,品质优,半离核,耐贮运。果实8月上中旬成熟。

该品种树势健壮,树姿开张,幼树以长、中果枝结果为主,进入盛果期后,以中、短果枝和花束状果枝结果为主。容易成花,复花芽多,花芽着生节位低。花粉量少。且不易散发,自花授粉坐果率低,栽培中要注意配置授粉树。

10. 莱州仙桃

系莱州市果树技术推广站1987年在全市桃品种资源普查中发现的一优良单株。该品种果个大,平均单果重273g。果实近圆形,色泽艳丽,果肉脆,可溶性固形物含量12.3%,核小,离核,较耐贮运。8月下旬成熟。

该品种树势健壮,树姿开张,节间短,萌芽率高,成枝力强。以长、中果枝结果为主,复花芽多,花芽起始节位低,早果,丰产。但花粉极少,建园时需配置授粉树。

11. 莱山蜜

该品种发现于烟台市莱山区莱山镇西曲村一农民院内,经烟台市有关专家鉴评初步断定是实生变异。果个大，平均果重510g。近卵形，果顶略突出，缝合线明显，成熟时果面鲜红色。果肉乳白色，肉质细密，味甘甜，可溶性固形物含量14.2%，品质上，黏核。在烟台9月上中旬成熟，果实挂树期长，不裂果，较耐贮运。目前已在山东、河北、辽宁等省大面积的栽培。

该品种树势健旺，树姿开张。萌芽率高，成枝力强，树冠形成快。复花芽多，以中、长果枝结果为主，成花易，结果早，坐果率高，极丰产，稳产。生产中应注意疏花疏果。

12. 寒露蜜

系山东省青岛市东郊河马石村选出来的芽变品种。因其接近寒露节成熟，味又甜，故命名寒露蜜。平均果重246g。果实近圆形，果顶圆，果尖凹，缝合线浅而宽，微过顶。果皮黄绿色，阳面为条纹红色，茸毛较少。果肉黄绿色或黄白色，黏核，近核处紫红色，味甜，质脆。可溶性固形物含量13%~15%。9月底10月初成熟。

该品种树势强健，树姿开张。幼树以长、中果枝结果为主，成年树以短果枝结果为主。多复花芽，花粉多，坐果率高，丰产。但有裂果现象，如采用套袋栽培可防止裂果，并使果面光洁、色泽鲜艳。近年来通过套袋栽培，取得了较高的经济效益。

13. 冬雪蜜桃

系青州市果树站1986年在该市曹家沟村实生苗桃园中发现的变异单株。果实圆形，平均单果重110g，大者210g以上。果皮底色淡绿，阳面着玫瑰红色，茸毛少。果肉绿白，近核处微红，肉质脆而细，味甜，清香，可溶性固形物18%~20%，半离核，核小，可食率96.5%。果实11月上旬成熟。

该品种树势健壮，成花容易，自花授粉结实率高，丰产。适应性广，抗旱、抗寒、耐瘠薄，在山地、丘陵地栽植生长结果良好。

二、油桃

1. 丽春

6月上旬成熟，果实生育期53~55d。平均单果重128g，最大果重320g。果实圆形，全面着玫瑰红色，极美观。果肉白色，半黏核，含可溶性固形物13.2%，脆甜可口，似秋天大枣风味，充分成熟后更甜，硬度高，耐贮运。

该品种树势健旺，树姿开张，花粉量中等，自花结实力强。2002年成熟前降雨30mm未发现裂果现象，采前不落果，特丰产。因成熟早，果个大，色泽美，品质优，是目前露地栽培和保护地栽培的理想品种。

2. 超红珠

6月上旬成熟，果实生育期55d。平均单果重122g，最大果重293g，果实椭圆形，果面全面着浓红色，鲜艳亮丽。果肉乳白，脆甜可口，含可溶性固形物12.1%，口感似大枣，完熟后品质更佳，黏核。

该品种树势健旺，自花结实，花粉量大，坐果率高，且成花容易。栽植当年成花率达98%以上，早果、丰产、稳产。适合露地和大棚栽培。

3. 春光

果实生育期63d，在山东省烟台市6月16日前后成熟。平均单果重152g，最大果重326g。果实圆形，果面全红亮丽，美观漂亮。果肉黄色，黏核，浓甜多汁，可溶性固形物含量为15.2%。

该品种树势中庸，树姿半开张，萌芽率高，成枝力强，成花容易，定植后，第2年所有芽眼都能成花。自花结实，早期丰产、稳产。

4. 早美光

果实发育期为70d左右，果实中大，近圆形，平均单果重86g，最大果重138g。果面光滑，全面浓红，外观美丽。肉质细嫩，汁液中多，风味酸甜，香气较浓，品质上等，可溶性固形物含量11.5%。雌雄蕊健全，自花授粉能力强。

该品种树势强健，树姿开张，萌芽率和成枝力均较强。以长、中果枝结果为主，复花芽较多，成花容易，丰产稳产性能好，无采前裂果现象。

5. 早红宝石

果实生育期为60~65d，果实圆形端正，平均单果重100g，最大果重150g。果面光洁艳丽，全面着宝石红色，极为美观。果肉黄色，柔软多汁，风味浓甜，有香气，可溶性固形物含量为12%~13%，黏核，不裂果，较耐贮运。

该品种幼树生长旺盛，萌芽力、成枝力均高，进入结果期后长势中庸。早果性好，坐果率高，丰产性好，花芽形成容易，各类果枝均结果良好，但以中、长果枝为主。果实极易着色。

6. 早红珠

为全红型极早熟白肉甜油桃，果实发育期为62~65d，果实近圆形，平均单果重98g，最大果重165g。外观艳丽，全面着明亮的鲜红色。果肉软溶质，肉质细，风味浓甜，香味浓郁，品质优，可溶性固形物含量11%，黏核。6月中下旬成熟。

该品种树势中庸，树姿半开张，各类果枝结果能力良好，自花结实能力强，生理落果轻，复花芽多，花芽抗寒力强，幼树结果早，花粉多，丰产。

7. 曙光

果实近圆形，平均果重120g，最大果重200g。果实全面浓红色，有光泽，艳丽美观。肉质细脆，风味浓甜，有香气，可溶性固形物含量为13%，品质优，较耐贮运，不裂果，黏核。果实生育期60~65d，需冷量为700h左右，是比较有前途的保护地栽培油桃品种。

该品种树体生长较旺，树姿开张。枝条节间短，易成花，结果早，丰产。虽花粉量多，但自花授粉坐果率低，需配授粉树，并严格控制花期温度。

8. 华光

系中国农业科学院郑州果树研究所采用人工杂交培育而成。果实近圆形，平均单果重88.2g。果顶圆平，微凹陷，缝合线浅，两侧较对称。果实底色绿白，面色着玫瑰红色，外观艳丽，果皮中厚，不易剥离。果肉乳白色，溶质，纤维中等，有香味，可溶性固形物含量14.2%，黏核。果实6月上旬成熟，多雨年份有轻度裂果现象。

该品种树势生长健壮，树体紧凑，早期丰产性好，能自花结实。需冷量约500h，较适宜保护地栽培。

9. 艳光

果实大，椭圆形，平均单果重120g，最大果重220g。果皮底色白，全面着玫瑰色，艳丽美观。风味浓甜，有芳香，可溶性固形物含量14%，品质优，较耐贮运，不裂果。花粉量多，自花结实，丰产，果实生育期为65~70d，6月下旬成熟，适于保护地栽培。

该品种幼树生长较旺，生长量较大。各类果枝均能结果，但以长、中果枝结果为主，自花结实率30%以上。

10. 瑞光2号

系北京市农林科学院林业果树研究所1981年用京玉与NJN76杂交育成，1997年通过审定并命名。果实短楠圆形，平均单果重130g，最大果重158g。果顶圆，缝合线浅，两侧较对称，果形整齐。果皮底色黄色，果面1/2紫红或玫瑰红色点或晕，果皮不易剥离。果肉黄色，成熟后柔软多汁，硬溶质，味甜，有香气，可溶性固形物含量7.0%~10.2%，黏核。果实7月上中旬成熟。

该品种树势强，树姿半开张，发枝力强，复花芽较多，花芽起始节位低。各类果枝均能结果，自花结实率25%左右，丰产。

11. 瑞光3号

系北京市农林科学院林业果树研究所1981年用京玉与NJN76杂交育成，1997年通过审定并命名。果实短椭圆形，平均单果重135g，最大果重151g。果顶圆，缝合线浅。果皮黄白色，果面1/2紫红或玫瑰红色点或晕，果皮不易剥离。果肉白色，有少量红色素、硬溶质，完熟后柔软多汁，味甜，淡香，可溶性固形物含量9.5%~11.0%，半离核。果实7月上中旬成熟。

该品种树势强，树姿半开张。发枝力强，花芽起始节位低，花芽饱满，复花芽多，小花型，花粉量多。各类果枝均能结果，极丰产。是我国培育出的第1代白肉甜油桃品系。但果实不耐贮运，在雨水多的年份有裂果现象，可在我国北方地区适量发展。

三、蟠桃

1. 早露蟠桃

系1978年北京农林科学院林果研究所以撒花红蟠桃与早香玉杂交培育而成。果实发育期为67d，果个中等大，平均单果重68d，最大果重95d。果形扁平，果顶凹入，缝合线浅。果皮底色乳黄,果面覆盖红晕。果肉乳白色,近核处微红,肉质细,硬溶质,微香,风味甜,含可溶性固形物9.0%,核小,黏核。极少裂果。

该品种树势中庸,树姿开张,萌芽率高,成枝力较强,复花芽多,花粉量大,坐果率高,丰产,应注意疏花疏果,以增大果个。

2. 早硕蜜

系1985年江苏省农业科学院园艺研究所用白芒蟠桃与朝霞水蜜桃杂交育成。果实扁平形,平均单果重95d,最大果重130d。果皮乳黄色,果面着玫瑰红晕,色泽艳丽。肉质柔软多汁,风味甜,有香气,可溶性固形物11%~15%。果实发育期约65d,在南京地区6月初成熟。

该品种适应性强,早果,丰产。但花粉不稔,需配置授粉树。

3. 早魁蜜

系1985年江苏省农业科学院园艺研究所用晚蟠桃与扬州124蟠桃杂交育成。果实扁平形,果个大,平均单果重130g,最大果重180g。果皮乳黄色,果面着玫瑰红晕,肉质柔软多汁,风味浓甜,有香气,可溶性固形物12%~15%,果核小。在南京地区果实6月底至7月初成熟。

4. 瑞蟠2号

系北京市农林科学院林果研究所选育的中熟蟠桃新品系。果实扁圆形,平均单果重160g,最大果重350g。果皮白色,1/2以上着玫瑰红色。果肉白色,味甜,多汁,可溶性固形物12%,黏核。果实7月中旬成熟。

5. 花红蟠桃

果实扁圆形,平均单果重120g,果顶凹入,两半部不对称,缝合线明显，梗洼深。果皮乳黄色，顶部着红晕，密布深红色斑点，果皮较厚，韧性强，完熟时易剥离。果肉乳白色，近核处微红，肉质柔软，汁多，味香甜，纤维少，含可溶性固形物11.9%，黏核。果实7月中下旬成熟。

该品种树势中等偏强，树姿开张。复花芽多，花芽起始节位低。以短果枝结果为主，丰产。

6. 瑞蟠4号

系北京市农林科学院林果研究所选育的中熟蟠桃新品系。果实扁圆形，平均单果重220g，最大果重350g。果皮白色，1/2以上着深红色晕。果肉白色，硬溶质，味浓甜，多汁，含可溶性固形物12%~14%。黏核。果实8月底至9月初成熟，果实发育期约134d。

该品种树势中庸，树姿开张，各类果枝均能结果，但以中、长果枝为主。复花芽多，花芽起始节位低，花粉多，早果，丰产。

7. 仲秋蟠桃

果实扁平形，平均单果重137g，最大果重205g。果顶浅凹，梗洼广、中深，肩部平圆，缝合线明显，两边对称。果实底色绿白，面色呈片状鲜红，果皮薄，完熟后易剥离。果肉白色，细腻，可溶性固形物含量16.8%，味甜，品质上，离核。

树势强健，树姿直立，萌芽率高，成枝力强。复花芽多，花芽着生节位低。各类果枝结果均好，短果枝寿命长，花粉多，自花结实率高，丰产，稳产。

第二节 对环境条件的要求

一、温度

桃的适应范围广,在年平均气温为 8~17℃ 的地区均可栽培,北方品种群适宜的年平均气温为 8~14℃,品种群为 12~17℃。生长期平均气温为 19~22℃,开花期需 10℃ 以上。果实生长发育的适宜温度为 20~25℃。据美国资料介绍,生长期月平均温度在 18.3℃ 以下时,果实品质差,达 24.9℃ 时,则产量高、品质好。我国桃产区 6—8 月温度一般均在 24℃ 以上,所以有利于果实的生长发育。

桃树在冬季休眠期需一定量的低温才能正常萌芽生长、开花结果。如果冬季温度过高,则不能顺利完成休眠,造成翌春萌芽晚,开花不整齐,授粉受精不良,产量降低。休眠期需冷量以日平均温度≤7.2℃ 的温度累积时数为 500~1 200h。所以,我国冬季气温较高限制了桃树的发展。

桃的不同品种对低温抵抗力不同,一般品种可耐 -25~-22℃ 的低温。有的品种在 -18~-15℃ 时,花芽和幼树发生冻害。-25℃ 以下时树体受害,-30~-28℃ 时严重受害,甚至整株死亡。花芽萌动后的花蕾变色期受冻温度为 -6.6~-1.1℃,开花期为 -2~-1℃,幼果期为 -1.1℃。

二、水分

桃在年周期发育中,需要适量的水分。试验证明,桃树要求适宜的土壤田间持水量为 60%~80%,当田间持水量在 20%~40% 时还能正常生长,降到 10%~15%,叶片出现凋萎,严重影响桃树的生长发育。

桃树耐旱怕涝。排水不良和地下水位过高，会引起根系早衰，叶片变薄，叶色变淡，生长降低，进而落叶、落果、流胶以至死亡。因此雨季要注意排水防涝。

三、光照

桃原产我国西北部光照很强的大陆性气候，形成了喜光的特性。当光照不足时，树体同化产物显著减少，根系发育差，枝叶徒长，花芽分化少，质量差，落花落果严重。小枝易枯死，结果部位上移，树冠下部光秃。因此桃园应选在通风透光良好的地方，栽植密度要适宜，树形要合理，留枝量要适度。

四、土壤

桃根系呼吸旺盛，需氧量多。据测定，土壤含氧量在 10%~15% 时，根系生长正常；当含氧量降至 7%~10% 时生长不良；5% 以下时，根变褐，不能发生新根；2% 时，细根开始死亡，新梢停止生长甚至落叶，所以桃树宜栽在土质疏松、排水良好的沙壤土或壤土地上。黏重土壤通气不良，易患流胶病、颈腐病等。桃在土壤 pH 值为 4.5~7.5 时生长正常，在碱性土壤中易患缺铁黄叶病。不同砧木耐碱力不同，其中山桃较耐碱，所以在 pH 值稍高的北方多用山桃砧。桃较耐盐，土壤含盐量为 0.13% 时，对生长无不良影响，当盐的浓度达 0.28% 时，生长不良或部分致死。

第三节　花果管理

一、促花措施

在桃树长到一定大小，仍未形成理想的花芽数量时，可采取一些促花技术，使其提早结果。桃幼树的促花应在其干径达 2cm 以上时进行，常用的促花措施主要有以下几项。

1. 加强土肥水管理

从 7 月上旬开始，每 20d 左右土壤追肥一次，肥料种类以磷、钾肥为主，配合氮肥。此时应适当控水，如土壤墒情较好，一般不用浇水。雨季注意及时排涝，雨后结合除草经常进行中耕松土。

2. 根外追肥

每隔 10d 左右喷布一次叶面肥。如磷酸二氢钾、光合微肥、稀土多元复合肥、氨基酸复合微肥等，以增加树体营养，促进花芽分化。

3. 喷施 PBO 促控剂

自 7 月上中旬前后，当新梢的平均长度达 40~50cm 时，开始喷布 100~150 倍的 PBO，以抑制营养生长，促使花芽形成。一般喷 2~3 次。每次间隔 15d 左右。具体应根据树体的长势确定，旺树可喷 2~3 次，较弱的树也可喷 1 次。喷后多数新梢停止生长即可。

4. 拉枝开角

拉枝是控旺促花的有效措施，拉枝后的开张角度，可掌握骨干枝为 50~60 度，辅养枝拉平（90 度左右），并向缺枝和空位处调拉。

5. 新梢摘心

对旺长新梢长到 30~40cm 时。保留 20~30cm 进行摘心，使新梢及时停止生长，增加碳水化合物的积累，促进花芽形成。

6. 冬季轻剪

冬季修剪时，除延长枝短截外，应疏除过密枝、竞争枝和病虫枝，其余枝缓放，以缓和树势，促进成花。

二、保花保果

桃树多数品种结实率较高，但有的品种或有些年份也常出现较重的落花落果现象。

（一）落花落果的时期和原因

桃树的落花落果一般集中在 3 个时期，原因较为复杂。

第一个时期在花后 1~2 周内。主要原因是雌蕊退化，花粉粒生活力低，花器受冻或花受到病虫危害等，造成授粉受精不良而引起。

第二个时期在花后 3~4 周。当子房膨大至蚕豆大时，因受精不完全，胚发育受阻，幼果缺乏胚供应的激素而脱落；另外，树体贮藏营养不足或花果过多，营养消耗过度，也能引起落果。

第三个时期是在硬核期。一般在 5 月下旬至 6 月上旬，又称六月落果。引起这次落果的原因较多，主要有光照不足，营养不良，尤其氮素缺乏，胚中途停止发育；营养生长过旺，新梢与果实争夺养分和水分；硬核期水分过剩或亏缺等。

前两次都是连同花柄或果柄一起脱落，第三次落果是果柄和花托残留在树上，仅果实脱落。

（二）保花保果的措施

各桃园的具体情况不同，引起落花落果的原因各异，必须针对具体情况，采取相应的措施。

1. 加强肥水管理

加强果园肥水管理，提高树体营养水平，是提高坐果率的重要途径。如秋季早施基肥，提高树体的贮藏营养。生长季及时追肥，随时补充树体营养的不足。硬核期控制适宜的土壤湿度，使土壤的相对湿度保持在60%左右，做到旱灌涝排，土壤湿度过大时，应及时划动松土散墒。

2. 防治病虫害

桃树的花期很易受到蚜虫的危害，如果花期喷药或用药不当，就会引起大量落花落果。因此，为防止花期受到蚜虫等的危害，可在芽萌动期喷布一遍杀虫剂，而且应禁止使用桃树敏感的乐果、氧化乐果等药剂。另外，在整个生长季，要加强对叶片病虫害的防治，保护好叶片，从而提高花芽质量和增加树体贮藏营养水平，提高坐果率。

3. 合理整形修剪

首先要培养良好的树体结构，保持树冠通风透光；同时应注重生长季修剪，及时疏除过密枝，对旺长新梢进行摘心、拿枝等，调节好营养生长与生殖生长的关系。

4. 配置授粉树

无花粉或少花粉的品种必须合理配置授粉树。即使是有花粉的品种，适当配置授粉树也能提高坐果率。

5. 人工辅助授粉

桃虽然是自花结实率较高的树种，但在气候异常（如风沙、阴雨天气等）时和异花授粉的品种，人工辅助授粉能明显提高坐果率。常用的人工辅助授粉的方法有点授法和滚授法。

6. 花期放蜂

既可以放蜜蜂，也可以放角额壁蜂。蜜蜂一般每公顷桃园放 3~5 箱。角额壁蜂每 667m² 放蜂 130~150 头。

7. 合理负载

在冬季修剪时、花芽膨大期及花期，疏除过多的花芽和花。坐果后合理疏果能有效地减少树体营养消耗，提高坐果率。

（三）桃奴的产生与防止

有些桃树品种，如五月鲜、六月白、深州水蜜等，在幼果长到鸡蛋黄大小时，就有一部分果实停止了膨大，直到成熟时，果实仍然很小，几乎是正常果的 1/2~1/3 大小，这类小果被称为"桃奴"。桃奴果核薄，不坚硬，有种皮，无种仁或种仁很小，果实成熟晚，味甜，商品价值很低。

产生桃奴的原因比较复杂，但其主要原因是性细胞发育异常，造成授粉受精不良。如栽培的品种本身为无花粉、少花粉或自花不孕的品种，并且所配置的授粉树不足，影响授粉受精；花期气候不适宜，低温冻害使花粉败育；子房受伤，而不能正常授粉受精；花芽质量低劣，营养供应不足等均能使桃奴增多。

减少桃奴，除了选择花粉量大，自花结实率高的品种和合理配置授粉树外，还要进行人工辅助授粉或花期放蜂；生长季加强树体综合管理，采取一切有利于花芽、花和幼果正常发育的措施，如增施有机肥、适量灌水、防止冻害、控制旺长等都是行之有效的。另外据试验，对旺树、旺枝进行摘心，可改变营养物质的分配，有利于果实的发育，对减少桃奴有明显的效果，并且摘心越重，效果越好。

三、疏花疏果

桃多数品种坐果率较高，为减少树体营养消耗，提高果实品质，保证丰产稳产，应严格疏花疏果。

(一) 疏花疏果时期

疏花一般在花蕾期和花期进行，主要疏除个小、畸形和果枝基部的花及双花。保留果枝中、上部发育健壮的花和单花。预备枝上的花全部疏除。

疏果分 1~2 次进行，第一次在生理落果前的 4 月下旬至 5 月上旬（已疏花的树也可不进行第一次疏果）。主要疏除果枝基部小果、畸形果、双果及过密果，疏除总疏果量的 60%~70%。第二次疏果也称定果，一般在 5 月下旬至 6 月上旬生理落果后进行。应先疏早熟品种、大果型品种及坐果率高的品种等。

(二) 疏果的标准

定果应根据品种、树势、树龄及栽培管理条件等确定留果量。生产上常根据果枝类型确定，例如树势健壮的大果型品种，长果枝留 2~3 个果，中果枝留 1~2 个果。每 2~4 个短果枝留 1 个果，每 5~8 个花束状果枝留 1 个果。树势偏弱时，可适当减少留果量。中、小型果的品种可适当增加留果量。也可根据叶果比确定留果量，大约为（30~40）:1。目前生产中也有的根据间距法确定留果量，即大型果品种每隔 20~30cm 留 1 个果；中、小型品种每隔 15~20cm 留 1 个果。

四、果实套袋

桃果套袋不仅能防止病虫危害，减少裂果，使果皮细嫩，果面光洁，色泽艳丽，增进果实的外观品质，提高商品价值，又能减轻农药污染，还可减少罐藏桃花青素含量，防止加工中变色。

目前，生产上采用的纸袋有桃果专用单层袋和双层袋。单层袋内为黑色，双层袋内袋为白色，外袋内为黑色。总之，最好选择遮光性较好的纸袋，特别是果实底色较绿的品种，而对纸袋的纸质要求不太严格。纸袋的规格一般为170mm×239mm。

套袋时间应在生理落果后，一般从6月上中旬开始，7月上旬结束。套袋过早无效袋增多，浪费纸袋。套袋过晚，效果欠佳。套袋前先喷布一遍杀虫剂和杀菌剂，药液干后立即套袋。如果土壤干旱，套袋前2~3d还应灌一次透水，以调节果园小气候，防止果实日灼。一天中应选择8：00~11：00和14：00~18：00套袋，早晨露水未干时不能套袋，并要避开中午的高温期，以免果实发生日灼。

套袋时应先将袋体鼓起，使通气放水口张开，套住果实，使幼果在袋内悬空，再将袋口的开口处骑在果枝上，然后折叠袋口，并用扎丝绑住袋口的叠层。操作时不要将新梢及叶片套入袋内，袋口要扎严，以防病虫从袋口处侵入。

鲜食果一般于采收前10~15d除袋，以促进果实着色。为防止果实日烧，双层袋要先除去外层袋，3~5d后再去内层袋。单层袋先开口通风，3~4d后再摘下。如果土壤过干，摘袋前2~3d应灌一次小水，增加果实的蒸发量，降低果实体温，防止日灼。但水量不宜过大，否则易降低果实含糖量，影响果实品质，严重时还能造成裂果。罐藏用果实不用除袋，采收时连同纸袋一起摘下。

五、提高果实品质的途径

1. 选择适宜的园址

园地的自然条件与果实品质有很大关系。桃树属喜光性强的果树，而且抗旱不耐涝。因此，建园时选择光照充足，地下水位低，通气性良好的壤土或沙壤土，有利于提高果实品质。

2. 选用优良品种

选栽优良的品种是提高果实品质的先决条件。当前，桃树新品种不断涌现，品种更新速度加快，品质差异较大。因此要根据市场需求，选用适销对路的优良品种。但是，一个优良的品种不可能在任何条件下都能充分发挥其优良性状，如肥城桃，只有在当地才能表现出其优良的品质，所以在选择品种时，既要考虑品种的优良性，又要考虑品种的适应性，结合当地的环境条件，科学地进行引种。对品种混杂和单一的老果园，应进行高接改良，优化品种结构。

3. 加强土肥水管理

重视深翻改土，改善土壤理化性状，提高土壤保肥保水能力。增施有机肥，尤其是绿肥，可促进果实着色，提高含糖量，改善糖酸比。追肥应注意氮、磷、钾配合使用，增施磷、钾肥可起到增色增甜的作用。氮肥能增大果个，提高产量，但使用量和使用时间必须根据树体需要和土壤肥力来确定，偏施或过多施用氮肥，会使果实风味变淡，色泽变差，糖分降低，病果增多，不耐贮运。最后一次追肥必须在果实成熟采收前30d进行。禁止使用硝态氮肥。

在果实发育期应保持合理的土壤湿度，水分不足或过多对果实品质都有严重影响，水分供应不均，尤其是前期过干，后期水分过多，能引起裂果，特别是油桃。一年中应掌握"春灌，夏排，秋（果实成熟期）稍干"的水分管理原则。

4. 合理整形修剪

培养良好的树体结构，保持主从分明，使枝条分布合理，改善树冠内的通风透光条件，也是提高果实品质的重要措施。

5. 严格疏花疏果

保持适当的叶果比，改善果实生长的营养条件，既有利于增大果个，又有利于提高果实品质。

6. 及时防治病虫害

在防治病虫害中要做好预测预报，抓住有利时机，选用高效、低毒、低残留的农药，严格掌握用药量和用药次数，推广应用生物防治。果实成熟前停止使用农药，减少果实中的农药残留量，以生产无公害"绿色"果品。

7. 果实套袋

果实套袋可减少裂果，使果皮细嫩，果面光洁，色泽艳丽，增进果实的外观品质。但套袋能降低果实中可溶性固形物的含量，影响内在品质。因此，生产中应根据具体情况灵活掌握。

8. 果实脱毛

普通桃果皮表面被有一层绒毛，既给采收、包装和消费带来许多不便，又一定程度地影响了果实的外观品质。在果实着色前喷布 1 000 ~ 1 500 倍的粉锈宁，不仅能防止桃树白粉病，也可脱除果实部分绒毛，增进果实着色，增加果面光洁度，改善果实外观品质。

9. 摘叶

采收前 7 ~ 10d，摘除果实周围的遮光叶片，并尽量摘黄叶、病叶、小叶、薄叶、衰老叶等，以改善果实光照，增进果实着色，提高含糖量。

10. 喷布营养液

果实发育期喷布 2 ~ 3 次腐殖酸液肥、稀土微肥、光合微肥、生物微肥等营养液，均能增进果实着色，增加含糖量，提高果实品质。但最后一次喷布时间要距果实采收期 20d 以上。

11. 适时采收

桃的果实成熟期不一致，同一品种、同一棵树上的果实，要根据其成熟度，分期分批适时采收。采收过早，果个小，产量低，品质差。采收过晚，果实易软烂，不耐贮运。

第八章 核 桃

核桃是我国北方栽培面积广、经济价值较高的木本油料果树。其种子具有较高的营养价值和良好的医疗保健作用，尤其是其中的亚油酸，对软化血管、降低血液胆固醇有明显作用。除此之外，核桃既是荒山造林、保持水土、美化环境的优良树种，也是我国传统的出口商品。

第一节 主要优良品种

目前，我国各地有记载的核桃品种和类型约有500余个，按其来源、结实早晚、核壳厚薄和出仁率高低等，将其划分为两个种群、两大类型结合四个品种群。按来源将核桃品种分为核桃和铁核桃（漾濞核桃）两大种群；每个种群再按开始结果早晚分为早实类型（栽后2~3年结果）和晚实类型（栽后8~10年结果）两大类群；最后按核壳厚薄等经济性状将每个类群划分为纸皮核桃（核壳厚度1mm以下）、薄壳核桃（壳厚1~1.5mm）、中壳核桃（壳厚1.5~2mm）和厚壳核桃（壳厚大于2mm）四个品种群。

一、薄丰

薄丰系河南省林科所从引进的新疆核桃实生树中选育而成。该品种树势较强，树姿半开张，分枝角60°左右，树冠圆头形，叶大深绿。雄先型，中熟品种。分枝力 1：3.2，果枝率 85%，每果枝平均坐果 1.73 个。丰产性强，高接树第 3 年平均挂果 3.6kg，平均每平方米冠幅投影面积产仁 185g。坚果中等大小，卵圆形，平均单果 11.2g。壳面光滑美观，壳厚 1.1mm，缝合线较紧，可取整仁，出仁率 54.1%。仁色浅，味油香，品质上乘。该品种适应性强，耐旱，适于黄土高原丘陵区栽培。

二、绿波

绿波树势中强，树姿开张，分枝能力强，有 2 次枝，树冠为圆头形。高接在 8 年生砧木上，接后 4 年树高 5.8m，干径 14.4cm，冠幅 4.2m。2 年生树开始结果，枝条粗壮，母枝平均抽生新枝 2.4 个，果枝 2 个，果枝率为 86%。每果枝平均坐果 1.6 个，多为双果，属短枝型，连续结实力强。坚果卵圆形，果面有浅刻点，缝合线隆起但较窄，不易开裂。三径平均 3.6cm，单果重 12g 左右，壳皮厚 1.0mm 左右，可取整仁或半仁。出仁率为 54%~58.4%，仁黄白色。河南禹县地区 3 月下旬至 4 月上旬发芽，4 月中旬雌花盛期，4 月下旬雄花散粉，属雌先型。8 月下旬至 9 月上旬果实成熟，10 月中旬落叶。该品种适宜土壤条件较好的地方栽植，适宜林粮间作，梯田边栽种。也可进行早密丰产栽培。

三、金薄香 1 号

系山西省农业科学院果树研究所从新疆薄壳核桃中实生选育而成。1 年生枝条呈绿褐色，2 年生枝条灰绿色，皮孔较稀，灰白色，形状不规则。叶呈浅绿色，无褶缩，叶脉明显，叶缘无锯齿。叶芽长圆形，着生于叶腋间；休眠芽着生于枝条中下部；雌花芽半圆形、饱满，着生于枝条顶端叶腋间；雄花芽呈长圆锥形、瘦小,着生于叶腋间。幼树生长较旺,树姿直立,芽具早熟性,树冠中下部分枝条能抽生2次枝。成龄树干性较弱,新梢年平均生长量为33.3cm,短果枝约占80%,中果枝约占15%,长果枝约占5%,全树结果部位比较均匀,结果枝以单果为主。在山核桃上嫁接后,嫁接苗在苗圃就能开花结果,第2年部分植株可结果,第5年进入初盛果期,连续结果能力强,丰产。果实长圆形,缝合线明显,纵径4.50cm,横径3.81cm,侧径3.61cm,果形指数1.18,平均单果重15.2g。壳厚1.15mm,易取仁,出仁率60.5%。果仁乳黄色,单仁重9.2g;肉乳白,肉质细腻,香味浓,微涩,品质上等。在晋中地区3月下旬开始萌芽,4月上旬开花、展叶,4月中旬新梢开始生长,6月中下旬为果实硬核期,9月上旬果实成熟,10月下旬开始落叶,全年生长期为200~220d。该品种对土壤适应性较强,耐旱、耐瘠薄,在平地、丘陵、山区均生长良好。抗寒性较强,冬季地面最低温度达-25°时仍能安全越冬。抗病虫能力强。

四、中林1号

坚果圆形,平均单果重14g。壳面有麻点,色较浅;缝合线宽而突起,结合紧密。易取整仁。核仁重7.5g,出仁率54%。核仁充实,饱满,色乳黄,风味优良。嫁接树第2年开始结果,5年后进入盛果期。树势中等,树姿较直立,小枝粗壮,节间中等,适宜在年平均温度10℃以上,生长期190d以上的地区种植。发芽较早,雌先型。此品种适应性强,丰产性强,宜作仁用品种和授粉品种。

五、中林5号

系中国林业科学院经济林研究所从早结实涧9-11-15和

早结实 9-11-12 核桃人工杂交后代中选育而成。坚果较小，圆形。平均单果重 9.2g，壳面光滑美观，色浅；壳厚 0.87mm，缝合线窄而平，较紧，核仁充实，饱满，色乳黄，可取整仁，核仁重 7.8g，出仁率 60%，仁色浅，风味香，品质极优。树势较旺，分枝力 1∶6.3，侧花芽比率 99%，每果枝平均坐果 4.64 个。嫁接树第 2 年开始结果，4 年后进入盛果期。树势中等，树姿较开张，小枝粗壮，节间短。适宜在年平均温度 10℃以上，生长期 190d 以上的地区种植。发芽较早，雌先型，早熟品种。高接 3 年树每株产坚果 5.0kg。该品种适应性强，抗性强，在肥水不足时坚果变小，但品质不变，抗病性强，适宜密植栽培。该品种早期丰产，适宜在西部大部分地区发展。

六、晋龙 1 号

系山西省汾阳市林业局和山西省林业科学研究所从当地晚核桃群体中选育的优良品种，1978 年初选，1985 年决选，1990 年 5 月通过山西省科委组织鉴定，1991 年定名晋龙一号。坚果较大，平均单果重 14.85g，最大重 16.7g，果壳色浅，壳面光滑，壳厚 1.09mm，缝合线紧，易取整仁，平均单仁重 9.1g，最大 10.7g，出仁率 61.34%。仁色浅，风味香甜，品质上等，主要经济指标超过国家标准 GB 7907-87（核桃丰产与坚果品质）中坚果品质优级指标。树枝较开张，叶大而厚，分枝能力较强，枝条粗壮，高接大树母枝平均分枝 1.6 个，果枝率 44.5%，果枝平均坐果 1.7 个，产仁量 0.21kg/m^2，嫁接苗 2~3 年开始结果，8 年生树每株产量达 5.2kg。该品种抗寒、抗旱、抗病性强，适宜在晋中以南（海拔 1 100m 以下）或外省区生态备件悉似地区发展。繁殖容易，对栽培备件要求不严格，在土层肥厚，光照充足条件下，生长结实好，一般栽植密度为（6~8）m×

(10~12) m。目前,该品种是山西主栽品种,也是汾阳核桃的代表品种,可在黄土丘陵区大力推广。

七、晋龙 2 号

坚果圆形,平均单果重 15.9g。壳面光滑,色浅;缝合线窄而平,结合紧密,易取整仁。核仁重 9g,出仁率 56%。核仁充实、饱满、色乳黄、风味优良。嫁接树种第 3 年开始结果,8 年后进入盛果期。树势旺盛,树姿较开张,小枝粗壮,深褐色,节间长。宜在年平均温度 10℃以上、生长期 180d 以上的地区种植。发芽较晚,雄先型。该品种适应性强,抗霜冻,抗病性强,早期丰产,坚果品质优良,适宜在黄土地区栽培。

八、西扶 1 号

坚果中等偏小,平均单果重 10.31g,最大 12.8g,壳面较光滑,壳厚 1.09mm,缝合线紧,可取整仁,出仁率 56.21%,仁色浅,风味香、品质上等。在通风、干燥、冷凉的地方(8℃以下)可贮藏 1 年品质不下降。植株生长势强,树姿较直立,树冠圆头形,雄先型,晚熟品种,果枝短粗,坐果率高,栽培时应注意疏花疏果。抗寒、耐旱、较抗病。此品种适应性较强,特丰产,品质优良,适宜矮化密植栽培,可在我国北方适当发展。

九、香玲

系山东省果树研究所从新疆阿克苏 9 号和山东上宋 5 号核桃人工杂交后代中选育而成。坚果中等大,卵圆形,平均单果重 10.6g,壳面光滑美观,壳厚 0.99mm,缝合线较松,可取整仁,出仁率 60%~65%,仁色浅,风味香,品质极优。树势较旺，直立性强。分枝力1∶5.3，侧芽比率96%，每果枝平均坐果1.1个，雌先型，中熟品种。6年生树每株产坚果3.72kg，高接3年树每株产坚果5.60kg。该品种抗病性强，很适宜在西部地区发展。

十、辽核4号

系辽宁省经济林研究所从新疆纸皮核桃和辽宁大麻核桃人工杂交后代中选育而成。坚果中等大，圆形。平均单果重12.5g，壳面光滑美观，可取整仁，出仁率57%，仁色浅，风味好，品质极优。树势较旺，直立。分枝力1∶3，侧花芽比率79%，每果枝平均坐果1.5个。雄先型，晚熟品种。高接3年树每株产坚果5.50kg。该品种抗病性强，很适宜在西部干旱、干寒地区发展。

十一、纸皮1号

该品种原产地陕西。由陕西省核桃选优协作组在实生群体中选出。属晚实类。树势较强，树冠开张，主干明显。雄先型，坚果长圆形，缝合线平，壳面光滑。单果重11.1g，壳厚0.86mm，可取整仁，仁皮黄白色，出仁率66.5%。味浓香，品质好。丰产稳产，适应性强。

十二、西林2号

系原西北林学院从早实、薄壳、大果核桃实生后代中选育而成。属早实类。树势较旺，树冠开张，呈自然开心形，矮化树型，分枝力强。雌先型，早熟品种，侧花芽比例88%，每果枝平均坐果数1.2个。坚果体积大，壳面光滑美观。单个仁重8.65g，出仁率61%，核仁色泽浅色至中等色，风味好。抗病性强。

十三、日本清香核桃

日本清香核桃由河南省林业技术推广站独家引进,经多年实验观察,与国内外其他核桃优良品种比较,该品种综合了早实核桃和晚实核桃的优点,克服了二者的不足,是优良商品核桃生产的理想品种,在我国核桃生产中具有良好的发展前景。该品种坚果较大,近圆锥形,大小均匀,壳皮光滑淡褐色,外形美观,平均单果重16.7g;缝合线紧密,内褶壁退化,易取整仁,出仁率55%以上;种仁饱满,颜色乳白,风味香甜,绝无涩味,黑仁率极低。生长旺盛,树势强健,极抗早衰,经济寿命长,一朝栽树几代人受益。嫁接苗栽后第2年即见果,5~6年进入盛果期,产仁330g/m^2,每667m^2产坚果500kg左右。具有侧芽结果能力,双果率高,连续结果能力强,极为丰产。病果率在10%以内,开花晚,抗晚霜,抗旱,耐瘠薄,可上山下滩,适应性较强,在华北、西北、东北南部及西南部分地区可大面积发展。

第二节 环境要求

一、温度

核桃是喜温果树。普通核桃适宜生长的年平均温度9~16℃。休眠期温度低于-20℃时幼树即有冻害,低于-26℃时大树部分花芽、叶芽受冻,低于-29℃枝条产生冻害。铁核桃只适应亚热带气候,耐湿热,不耐寒冷。

二、湿度

一般年降水量 600~800mm 且分布均匀的地区基本可满足核桃生长发育的需要。核桃对空气湿度适应性强，但对土壤水分较敏感。一般土壤含水量为田间最大持水量的 60%~80% 时比较适合于核桃的生长发育，当土壤含水量低于田间持水量的 60% 时（或土壤绝对含水量低于 8%~12%）核桃的生长发育就会受到影响造成落花落果，叶片枯萎。

三、光照

核桃属喜光树种。最适光照强度为 60 000lx，结果期要求全年日照在 2 000h 以上，低于 1 000h 则核壳核仁发育不良。特别是雌花开花期，光照条件良好，可明显提高坐果率，若遇低雨低温天气，极易造成大量落花落果。

四、土壤

核桃要求土质疏松、土层深厚、排水良好的土壤。在含钙的微碱性土壤上生长良好。适宜 pH 值 6.5~7.5，土壤含盐量应在 0.25% 以下，稍微超过即会影响生长结实。

第三节　花果管理

一、育苗

采用嫁接法育苗。核桃枝条粗壮弯曲，髓心大，叶痕突出，取芽困难，又含有较多的单宁，还具有伤流特点，因此，嫁接成活率较低。生产上可通过提高砧穗生理机能、增大砧穗接触面、加快操作速度以及砧木放水等综合措施提高嫁接成活率。下面以插皮舌接为例说明嫁接技术要求。

(一) 砧穗选择与处理

枝接接穗应在发芽前20~30d采自采穗圃或优良品种树冠外围中上部。要求枝条充实，髓心小，芽体饱满，无病虫害。将接穗剪口蜡封后分品种捆好，随即埋到背阴处5℃以下的地沟内保存。嫁接前2~3d放在常温下催醒，使其萌动离皮。在嫁接前2~3d将砧木剪断，使伤流流出，或在嫁接部位下用刀切1~2个深达木质部的放水口，截断伤流上升，且在嫁接前后各20d内不要灌水。

(二) 嫁接时期和方法

核桃嫁接时期以砧木萌芽后至展叶期为宜。要求接穗长约15cm，带有2~3个饱满芽。先用嫁接刀将接穗下部削成长4~6cm的马耳形斜面，然后选砧木光滑部位，按照接穗削面的形状轻轻削去粗皮，露出嫩皮，削面大小略大于接穗削面。把接穗削面下端皮层用手捏开，将接穗木质部插入砧木的韧皮部与木质部之间，使接穗的皮层紧贴在砧木的嫩皮上，插至微露削面，用麻皮或嫁接绳扎紧砧木接口部位。为提高嫁接成活率要特别重视接后的接穗保湿，用塑料薄膜（地膜）缠严接口和接穗或用蜡封接穗，接后套塑膜筒袋并填充保湿物等（图8-1）。

(三) 接后管理

核桃嫁接后应随时除去砧木上的萌蘖，如无成活接穗，应留下1~2个位置合适的萌蘖，以备补接。枝接的其他技术可具体参照育苗技术。此外，采用芽接时可在嫁接部位以上留1~2个复叶剪砧，待接芽萌发新梢长出4~5个复叶时解绑剪砧。

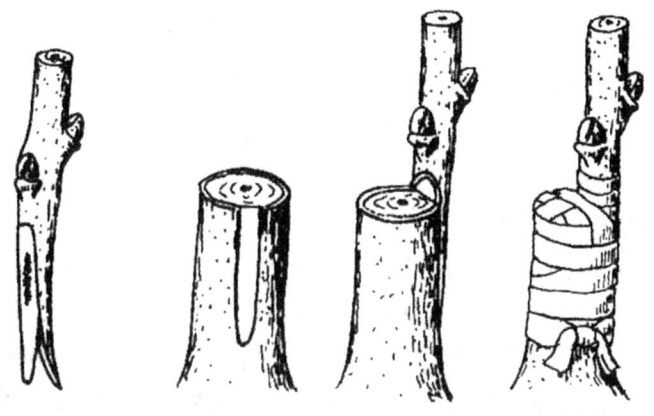

图 8–1 核桃插皮舌接

二、建园

园址选择背风的山丘缓坡地及平地。土壤以保水、透气良好的壤土和沙壤土为宜，土层厚 1m 以上，未种植过杨树、柳树和槐树的地方。为保证授粉良好，应选择 2~3 个品种，能够互相授粉。或者专门配置授粉品种，主栽品种与授粉品种比例是 8:1 以上。具体栽植方式有园片式、间作式栽培和零星栽植。一般多用间作式栽培，商品生产基地要求大面积连片栽植。在土层深厚、肥力较高条件下，可采用 6m×8m 或 8m×9m 的株行距；实行粮果间作核桃园，一般株行距为 6m×12m 或 7m×14m；早实核桃可采用 3m×5m 或 5m×6m 的株行距，也可采用 3m×3m 或 4m×4m 密植，当树冠郁闭光照不良时，间伐成 6m×6m 和 8m×8m。可春栽或秋栽，北方冷凉地区以春栽为宜。

三、整形修剪

核桃在休眠期修剪有伤流,其伤流期一般在10月底至翌年展叶时为止。为避免伤流损失营养,修剪应在果实采收后至落叶前或春季萌芽展叶后进行。对结果树以秋剪为主。幼树则可春剪为主,以防抽条。

在核桃生产中常用的树形有主干疏层形和自然开心形两种类型。主干疏层形基本结构与苹果主干疏层形相似,晚实或直立型品种主干高一般为1.2~1.5m,若长期间作、行距较大,主干可留到2m以上;早实核桃主干一般为0.8~1.2m。第一、第二层层间距晚实核桃应留1.2~2.0m,早实核桃留0.8~1.5m。第2层与第3层间距一般在1m左右。主枝上第1侧枝距中干1m左右,第2侧枝距第1侧枝50cm。侧枝选留背斜侧,不选背后枝。此树形适于稀植大冠晚实类型品种、间作栽培方式、土层深厚及土质肥沃的条件。自然开心形一般无中心干,干高多在1m左右,主枝3~4个,轮生于主干上,不分层,主枝间距30cm左右。该树形适合于土层薄、肥水条件差的晚实核桃和树冠开张、干性较弱的早实核桃。而在密植核桃园可采用小冠疏层形,其树高一般控制在4.5m以下。

(一) 幼树整形修剪

主干疏层形定干高度晚实核桃1.2~1.5m,早实核桃1.0~1.2m。对主干疏层形,树形培养分四步完成。①在定干当年或第2年,在定干高度以上选留3个不同方向的健壮枝条作为第一层主枝,层内主枝间距20~40cm。第一层主枝选留完毕后,除保留中干外,其余枝条除去。②选留2个壮枝作为第二层主枝。同时在第一层主枝上选留侧枝,各主枝间的侧枝方向要相互错开，避免重叠、交叉。③早实核桃在5~6年时，晚实核桃在6~7年时，继续培养第一、第二层主枝的侧枝。④继续培养一二层侧枝，选留第三层主枝1~2个，第二层与第三层间距1.0m左右。幼树修剪的主要任务是短截发育枝、处理背下枝和徒长枝、控制和利用二次枝。发育枝采用中短截或轻短截。除主、侧枝延长枝外，还应短截侧枝上着生的旺盛发育枝，短截量一般占总枝量的1/3；背下枝应区分情况及时控制和处理，第一层主侧枝的背下枝全部疏除，第二层以上主侧枝的背下枝，可用来换头开张角度，有空间的控制利用结果，过密的则疏除。徒长枝可从基部疏除。在空间允许的前提下可采用夏季摘心或先短截后缓放，将其培养成结果枝组；早实核桃过多造成郁闭者，应及早疏除。如生长充实健壮并有空间时，可去弱留强，夏季摘心后，培养成结果枝组。

（二）结果树修剪

结果初期树修剪的主要任务是继续培养主、侧枝和结果枝组，充分利用辅养枝早期结果，尽量扩大结果部位。采取先放后缩，去强留弱等方法培养结果枝组，使大小枝组在树冠内均匀分布，保证良好的光照。对已经影响主、侧枝生长的辅养枝，逐年缩剪，给主侧枝让路。对背下枝多年延伸而成的下垂枝，应及时回缩改造成枝组，或及时疏除。疏大枝时，锯口要留小枝。

进入盛果期［一般要在15年（早实核桃6年）左右］，修剪的重点是维持树体结构，防止光照条件恶化，调整生长结果关系，控制大小年。采取落头开心，打开上层光照。回缩下垂骨干枝、疏除过密外围枝和内膛枝条。注重枝组复壮更新，小枝组去弱留强，去老留新；中型枝组及时回缩更新，使其内部交替结果，维持结果能力；大型枝组控制其高度和长度，对已无延长能力或下部枝条过弱的大型枝组，应及时回缩。

(三) 衰老树更新复壮

衰老树更新复壮分小更新和大更新。小更新一般从大枝中上部分枝处回缩，复壮下部枝条。小更新几次后，树势进一步衰弱，再进行大更新。大更新是在大枝的中下部有分枝处进行回缩，促发新枝，重新形成树冠。

四、土肥水管理

核桃园进行深耕压绿或压入有机肥是提早幼树结果和大树丰产的有效措施，深耕时期在春、夏、秋三季均可进行，春季于萌芽前进行，夏秋两季在雨后进行，并结合施肥和将杂草埋入土内。从定植穴处逐年向外进行深耕，深度60~80cm，注意防止损伤直径1cm以上的粗根。在春季萌芽前追施速效性氮、磷肥。施肥量占全年追肥量的50%。每667m^2施碳酸氢铵100kg或尿素35kg。追肥后立即灌水，地表稍干时中耕浅锄。秋季未施基肥的，结合扩穴深翻施入基肥。开花前每株追施腐熟人粪尿40~50kg，碳酸氢铵2.5kg，采用环状沟或放射沟施肥法，沟深30~50cm，施肥后灌水，墒情好时可不灌水。坡地、旱地宜采用"穴贮肥水腹膜保墒"施肥技术。进入硬核期施用肥料种类以磷、钾肥为主。对结果树每株施草木灰2~3kg，或过磷酸钙1kg，硫酸钾0.5kg，或果树专用肥1.0~1.5kg，同时叶面喷布0.3%磷酸二氢钾。果实采收后每667m^2施充分腐熟的有机肥4 000~5 000kg，过磷酸钙75kg，碳酸氢铵25kg，采用穴状施肥或环状施肥，同时进行灌水。落叶后越冬前灌封冬水。地下水位过高，容易积水的地区应注意排水。

五、花果管理

萌芽前15~20d，疏除树上90%~95%雄花芽，以减少养分和水分消耗，提高坐果率。开花期去雄花，人工辅助授粉。去雄花最佳时期在雄花芽开始膨大时。疏除雄花序之后，雌花序与雄花数之比在1：（30~60）。但雄花芽很少的植株和刚结果幼树，最好不疏雄。人工辅助授粉花粉采集在雄花序即将散粉时（基部小花刚开始散粉）进行。授粉最佳时期是雌花柱头开裂并呈八字形，柱头分泌大量黏液且有光泽时最好。具体方法是：先用淀粉或滑石粉将花粉稀释成10~15倍，然后置于双层纱布内，封严袋口并拴在竹竿上，在树冠上方轻轻抖动即可。或将花粉与面粉以1：10比例配制后用喷雾器授粉或配成5 000倍液后喷洒。具体时间以无露水的晴天最好，一般9：00~11：00，15：00~17：00时效果最好。进入盛花期喷0.4%棚砂或30mg/L赤霉素可显著提高坐果率。为提高果实品质，坐果后可进行了疏果。

六、适时采收与加工

核桃应在果皮由绿变黄绿或浅黄色，部分青皮顶部出现裂纹，青果皮容易剥离，有以上的果实已显成熟时采收。采收方法分人工采收和机械采收两种。人工采收是在核桃成熟时，用长杆击落果实。采收时应由上而下、由内而外顺枝进行。此法适合于零星栽植。发达国家多采用机械采收。具体做法是：在采摘前10~20d，向树上喷洒500~2 000mg/kg的乙烯利催熟，然后用机械震落果实，一次采收完毕。此法省工、效率高，但易早期落叶而削弱树势。果实从树上采下后，应尽快放在阴凉通风处，不应在阳光下暴晒。采收后要及时进行脱青皮、漂白处理。脱青皮多采用堆积法，将采收的核桃果实堆积在阴凉处或室内，厚 50cm 左右，上面盖上湿麻袋或厚 10cm 的干草、树叶，保持堆内温湿度、促进后熟。一般经过 3~5d 青皮即可离壳，切忌堆积时间过长。为加快脱皮进程也可先用 3 000~5 000 mg/kg 乙烯利溶液浸蘸 30s 再堆积。脱皮后的坚果表面常残存有烂皮等杂物，应及时用清水冲洗 3~5 次，使之干净。为提高坚果外观品质，可进行漂白。常用漂白剂是：漂白粉 1kg + 水（6~8）kg 或次氯酸钠 1kg + 水 30kg。时间 10min 左右，当核壳由青红转黄白时，立即捞出用清水冲洗 2 次即可晾晒。

第九章 板　栗

　　板栗原产我国，是重要的木本粮食树种之一。其果实营养丰富，食法多样，也可制作糕点，用作烹调原料。板栗根深叶茂，适应性强，较耐干旱和瘠薄，栽培容易，管理方便，适宜在山区发展。对山区经济的振兴和生态环境的改善效果非常显著。

第一节　主要优良品种

一、林县谷堆栗

　　原产于河南省林州市，是当地主栽品种。树势强健，树姿开张。母枝连续结果能力占70%，结果枝多由顶端1～2芽发出，果枝长26.8cm，每结果枝着苞2～3个，多者可达8～9个。每苞内含坚果2～3粒。总苞圆形，十字形开裂，苞皮厚0.2cm，针刺较密，较硬。出实率35%。坚果中大，单粒重10g，每500g栗实50粒左右，栗实半圆形，褐紫色，具油亮光泽，茸毛极少。种皮浅棕色，易剥离。种仁饱满，黄白色，味甜、质糯，品质中上等。新梢4月上中旬萌动，4月下旬开花，9月下旬果实成熟。

　　本品种耐瘠薄，丰产稳产，每株产量可达25kg，适合在豫北发展。

二、无刺栗

原产山东省泰安市麻塔区红岭子村,山东省果树研究所1964年选出。总苞刺束极短,约0.5cm,贴于苞皮上,刺退化为半鳞片状,远视似无刺,故名无刺栗(图9-1)。苞皮较薄,每苞平均含坚果2.8个。该品种出实率51%,坚果整齐、圆形,重6.5g,每50g栗实77粒。果皮红褐色,有光泽。果肉质地糯性、味香甜,品质上等。果实9月下旬成熟,较耐贮藏。该品种品质优良,是宝贵的稀有种质资源之一。

图9-1 无刺栗

三、辽阳1号

原株产于辽宁省辽阳县峨眉林场栗园。1975年在辽阳扩大繁殖。树冠半圆头或圆头形。成龄树树势生长健壮,叶片大而肥厚,平均每母枝抽生结果枝2.1个,结果枝平均着总苞1.6个。总苞近圆形,刺束短、较密,平均每苞含坚果2.3个,出实率35.2%。坚果较小,平均单果重7g,每500g栗实71粒。果面茸毛极少,果皮红褐色、具光泽。果肉质地细腻甜糯,品质优良。在辽阳地区9月下旬果实成熟。该品种适应性强,较丰产,在辽宁中北部栽培无冻害。

四、燕山短枝

又名后韩庄20、大叶青。原产河北省迁西县,1973年选出。由于该品种枝条短粗,节间短缩,树冠低矮,冠型紧凑,叶片肥大,色泽浓绿,故得名。树冠圆头形,树势强健,嫁接后3年进入结果期。平均每结果母枝抽生果枝1.85条,每结果枝着生总苞2.9个。坚果平均重9.23g,每500g55粒。栗果扁圆形,皮色深褐,光亮。坚果整齐,适于炒食。果实9月上旬成熟,耐贮藏。适于集约化矮密栽植。

五、双季板栗

双季板栗(图9-2)原产江西省德安县。该品种树形紧凑,枝条粗壮,树冠较矮小,适于密植。球苞大型,平均重168.2g,出实率51.9%,第1季单果平均重27.45g,最大可达60g,第2季单果平均重20.4g,是目前较大果形品种之一。果肉细腻香甜,偏糯性,风味佳。果实成熟期第一季果为9月上旬,第二季果为10月下旬。该品种引入黄河以南10省50多个地区栽培,在广州地区表现良好。

六、花盖栗

花盖栗(图9-3)原产山东省泰安市麻塔区宋家庄村,山东省果树研究所1964年选出。树冠圆头形,较开张。成龄树树势中等,出实率高达57%。坚果整齐一致,色泽明亮。果肉质

图9-2 双季板栗

地细糯、香甜。果实成熟期9月中下旬。耐贮藏。该品种刺稀皮薄,出实率较高,品质优良,是优良的育种材料。

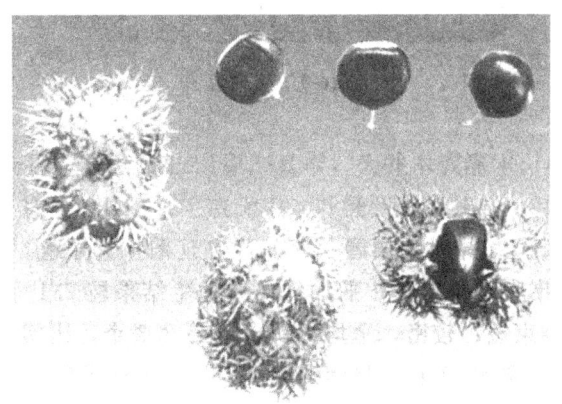

图9-3 花盖栗

七、华丰

华丰(图9-4)系山东省果树研究所从人工杂交后代中选

育出的新品种。该品种树势强健，7年生树高4.6m，冠径3~4m。结果能力强，适于短截控冠修剪和密植栽培。每结果母枝抽生果枝近3条，每果枝着生总苞2.6个。总苞皮薄，刺束稀少，出实率56%，空苞率1%左右，每苞含坚果2.9个，坚果大小整齐，适于炒食。果肉细糯而香甜，品质上等。果实9月中旬成熟，耐贮藏。该品种雌花容易形成，结果早，丰产稳产性强。嫁接后第2年每$667m^2$平均产量145kg，3年生每$667m^2$产268kg，盛果期连续5年平均产量310kg，最高产量427kg。抗逆性强，适应性广，在丘陵山区和河滩平地均适于发展栽培。

图9-4 华丰

八、无花栗

无花栗（图9-5）原产山东省泰安市，山东省果树研究所1965年选出。因其纯雄花序生长到0.5~1cm时萎缩脱落，得名"无花"。树姿直立，树冠紧凑。成龄树树势中等，结果母枝短，每个结果母枝平均抽生1.9条果枝，结果枝平均着生1.8个总苞，总苞椭圆小型，平均每苞含坚果2.9个，出实率53%。坚果圆形，大小整齐，平均重8.8g，每500g栗实57粒。果皮紫褐色，光亮美观。果肉质地细腻、糯性香甜，品质极上等。果实9月下旬至10月上旬成熟。耐贮藏。该品种生长势强，结果期较晚，因雄花序早期萎蔫凋落，节省营养，是一优良育种材料。

图9-5 无花栗

九、燕山红

燕山红（图9-6）是北京市农林科学院林果研究所1974年自昌平县北庄村实生树中选出。总苞球形，针刺稀。出实率45%。坚果平均单粒重8.9g，整齐美观。果面茸毛少，果皮红棕色，富有光泽。果肉细腻、甜糯，品质优良。树姿开张，树冠紧凑，呈半圆头形。结果母枝灰白色，皮孔多而明显。早期丰产，嫁接后2年结果，4年生树株平均产量6.5kg。平均每结果母枝抽生结果枝 2~3 条，每结果枝着生总苞 2 个。在土壤瘠薄条件下，易生"独栗子"，同时对缺硼土壤敏感。由于果枝萌发力强，修剪时应适当控制母枝留量。

图 9-6 燕山红

十、海丰

海丰（图 9-7）是山东省果树研究所从海阳县姜各庄村 1975 年引进的红光品种中发现的优良单株，初期曾名为"红光 26"，1981 年通过鉴定并定名为海丰。该品种的选育研究获烟台市科技进步一等奖。总苞椭圆形，刺束极稀，中长而硬，分枝角度较大，苞皮较薄。苞柄特长，明显区别于其他品种。平均每苞含坚果 2.5 个。坚果椭圆形，中小型，单果重 7.8g，果皮红棕色。果肉甜糯，含水 42%，糖 18%，淀粉 57.7%，脂肪 4.7%，蛋白质 8.7%。果实较耐贮藏。树冠呈圆头形。结果母枝长 23cm，皮孔小而密。混合芽圆锥形，稍歪，黄绿色，有光泽。叶色黄绿，椭圆形，先端渐尖。该品种的显著特点是叶片沿中脉抱合,呈船形。始果期早,嫁接后2年生树结果株率67%,3年全部结果,丰产性好。成年树树势中庸。单位结果母枝平均抽生结果枝2.3个,结果枝平均着生总苞1.6个,出实率46%。在海阳4月21日左右萌芽,5月11日前后展叶,盛花期在6月23日,果实10月上旬成熟。

图9-7 海丰

十一、石丰

石丰(图9-8)是1971年由海阳县选出,母树位于该县中石现村,原名中石现1号,1977年改名为石丰。总苞扁椭圆形,重59g左右。刺束短而密、硬。总苞皮中厚,出实率40%。坚果椭圆形,平均单粒重9.5g。果皮红褐色,整齐美观。果肉质地细糯、香甜,含水54.3%,糖15.8%,淀粉63.3%,脂肪3.3%,蛋白质10.1%。较耐贮藏。树冠较开张,呈圆头形。结果母枝长25cm左右,阳面灰褐色,阴面灰绿色,抽生果枝占67%,发育枝占雄花枝占14%,纤细枝13%。单位结果母枝平均抽生1~9个结果枝,结果枝平均着生总苞1.9个。结果早,嫁接苗2~3年进入正常结果期。中幼砧接后2~4年株平均产量

3.2kg。连续结果能力强。成年树树势中等,树冠较小。在山东省泰安市4月上旬萌芽,6月中旬盛花,果实在9月下旬成熟,11月落叶。树势稳定,适于密植栽培,早实丰产性好,抗逆性强,适应范围广,果实品质优良。

图9-8 石丰

十二、泰安薄壳

泰安薄壳(图9-9)由山东省果树研究所1964年从泰安市麻塔区宋家庄村实生树中选出。总苞中等大,重50g左右,扁椭圆形。刺束极稀,分枝点低,角度大。苞皮薄,一字或十字开裂。平均每苞含坚果2.8个。坚果圆形,背弧面混圆,腹面平而微鼓,中等大,平均单粒重10g左右。果皮薄,枣红色或棕红色,光泽特亮。果肉充实饱满,质地细腻、甜糯,品质上等,含水44.5%,糖15.4%,淀粉66.4%,脂肪3%,蛋白质10.5%。果实适于炒食,极耐贮藏。树冠高,圆头形。初果期树结果母枝较长,盛果期生长缓和,结果母枝长25cm左右,尖削度小,灰褐色。皮孔中小,椭圆形。混合芽三角形,中等大。叶长椭圆形,先端渐尖,深绿色,斜生,较平展,质地较厚,锯齿大而明显,多直向。幼树易直立旺长,结果晚,嫁接苗3年开始进入结果期。平均每结果母枝抽生果枝2.2条,平均每结果枝着生总苞1.9个,出实率高达56%以上。成龄树树势中庸,丰产稳产。在山东省泰安市为4月上旬萌芽,6月初盛花,果实9月下旬成熟。总苞皮薄,刺束极稀,食果性害虫不易危害。耐瘠薄能力强,适于丘陵山地发展。空苞率极低,丰产稳产,品质优良。

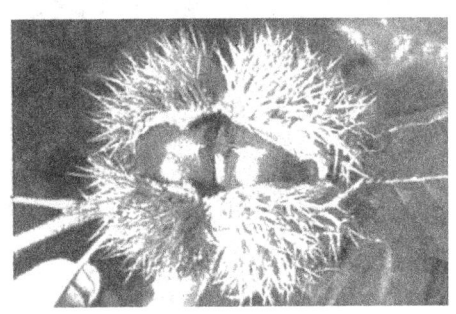

图9-9 泰安薄壳

第二节 对环境条件的要求

一、温度

北方板栗适于冷凉干燥气候,南方板栗适于温暖湿润气候。板栗要求年平均气温为10~15℃,生长期(4~10月)平均气温16~20℃;冬季不低于-25℃;开花期为17~27℃。一般情况下,北方板栗产量高、品质好。

二、光照

板栗为喜光树种。当内膛着光量占外围光照量的 1/4 时枝条生长势弱，无结果部位。光照不足 6h 的沟谷地带，树冠直立，枝条徒长，叶薄枝细，老干易光秃，株产低，坚果品质差。在板栗花期，光照不足则会引起生理落果。建园时，应选择日照充足的阳坡或开阔的沟谷地较为理想。

三、水分

板栗树虽较抗旱，但在生长期对水分仍有一定要求。新梢和果实生长期供应适量水分可促进枝梢健壮和增大果实。一般年降水量 500~1 000mm 地方最适于板栗树生长。

四、土壤

板栗树对土壤适应性广泛，以土层深厚，有机质多，保水排水良好的砾质壤土最适宜板栗树生长。其适宜的土壤含水量相当于田间持水量的 30%~40%。超过 60%，易烂根，低于 12%，树体衰弱，降至 9% 时，树可枯死。板栗对 pH 值的适应范围是 4.6~7.0，以 pH 值 5.5~6.5 最为适宜；pH 值超过 7.6 则生长不良。板栗正常生长，要求含盐量在 0.2% 以下，且板栗是高锰作物。pH 值增高，土壤中锰呈不溶状态，影响其对锰的吸收，树体发育不良，叶片发黄。

五、地势

板栗自然分布区地势差别较大，海拔 50~2 800m 均可生长板栗。我国南北纬度跨度较大，但在海拔 1 000m 以上的高山地带，板栗仍可正常生长结果。处于温带地区的河北、山东、河南等地，板栗经济栽培区要求海拔在500m以下，海拔800m以上的山地出现生长结果不良现象。在山地建园对坡地要求不太严格，可在15°以下的缓坡建园，15°~25°坡地建园要修建水土保持工程。30°以上陡坡可作为生态经济林和绿化树来经营。

六、风和其他

花期微风对板栗树授粉有利，但板栗不抗大风，不耐烟害，空气中氯和氟等含量稍高，栗树易受害。

第三节 花果管理

一、育苗

采用嫁接法繁殖。砧木苗采用播种繁殖。采用蜡封接穗进行嫁接。嫁接时间在砧木萌动后、接穗未萌发时进行。一般春季枝接在砧木萌动到萌发展叶前进行，一般北方地区在4月中下旬进行。采用枝接，北方地区以春季插皮接嫁接为主，还可用劈接、切接和舌接，同时要加强嫁接后的管理。下面以板栗子苗为例，具体介绍其嫁接技术基本程序。

（一）培育芽苗砧木

2月下旬对沙藏后的种子进行催根处理。当胚根长至3~5cm时取出，用刀片或手将胚根截去1/3~1/2，留1.5~2cm。然后按株行距5cm×10cm，采用点播法，将其平放于苗床，再覆盖厚7cm湿沙土，最后在苗床上盖好塑料薄膜。当第1片叶子即将展开时，将砧苗用铲轻轻从砧床内挖出，放入盆子一类的容器内（容器底部铺上湿锯屑），以备嫁接。注意保持根系完整，防止损毁子叶柄和坚果脱落。

（二）接穗采集和贮藏

3月上旬，选优良品种上发育充实、芽体饱满、粗为3~8mm的1年生枝剪下，截成长15cm，用石蜡全封后放入塑料袋，置于阴凉处。也可不封石蜡，每100个枝捆1束，用湿沙埋于阴凉处备用。

（三）嫁接

采用劈接法。具体规程：一是削接穗。选与砧苗粗度基本相当的接穗，留2个芽，下端削成楔形，削面长1.5cm，削面要平滑。二是切砧木。用刀片将子苗砧在子叶柄上2.5cm处切断，然后将幼茎从中间劈1.5cm深，随即将削好的接穗插入，使一端与砧苗对齐，如接穗粗于砧木，可将凸出部削除，使其密接。三是捆绑。可用麻坯、旧麻袋绳或电工胶布绑扎。

（四）栽植

将嫁接后的结合体栽植于温棚内。如准备于5月用嫁接苗直接建园，结合体埋土深度可与接穗顶端持平。

二、建园

板栗园地应选择土层深厚、排水良好、地下水位不高的沙壤土、沙土或砾质土及退耕地等。土壤宜微酸性，要求光照充足，空气干爽。在山坡地造林应选择南坡、东南坡或西南坡为宜。整地一般在板栗栽植前的3个月进行。整地方法常采用水平梯地整地和鱼鳞坑整地。水平梯地整地就是沿等高线修水平梯地。以等高线为中轴线，在中轴线上侧取土填到下侧，保持地面水平，然后在地上挖坑栽树。该法适用于坡度在20°以下的山地。在坡度较陡或地形复杂的栗园，则可采用鱼鳞坑整地。

其方法是：按照需要栽植的株行距，以栽植点为中心。由上部取土修成外高里低、形似鱼鳞状的小台田。无论哪种整地方法，挖穴时要将生土和熟土分开堆放，然后施入农家肥或秸秆、杂草、油渣等，再将熟土回填。造林宜采用1~2年生大苗，苗高不低于1m，地径不小于0.8~1cm，根系发达完整，生长健壮，无病虫害，无机械损伤。板栗栽植密度要根据地形、土质条件及品种特性而定。一般栽植密度以3m×4m为宜。挖苗时应尽可能少损伤侧根和须根，已经损伤的根应剪平伤口，主根过长时可以截短一些。如果挖出的栗苗不能马上定植或需远距离运输，应进行泥浆蘸根，然后再假植或包装运输。栽植穴宽80cm，深80cm。每穴施入充分腐熟的有机肥料30~50kg，将肥料和熟土混合均匀、踏实即可。栽植在秋季落叶到春季萌发前均可进行。除寒冷地区外，以秋季栽植为好。栽植要求是树要栽端，土要踏实，根要舒展，树苗埋土一半时，将树苗向上轻轻提一下，可使根系舒展。栽植的深度要保持原来的入土深度，栽好后踏实树干基部周围的覆土，并及时浇水，以提高栽植成活率。选用2种以上优良品种混合栽植，一般主栽品种与授粉品种比例是（4~8）:1。

三、土肥水管理

休眠期进行耕翻，萌芽前每667m²施纯氮12kg，以促进花的发育，施肥后灌水。枝条基部叶刚展开由黄变绿时，根外喷施0.3%尿素+0.1%磷酸二氢钾+0.1%硼砂混合液，新梢生长期喷50mg/kg赤霉素，以促进雌花发育形成。开花前追肥，每667m²追施纯氮6kg，纯磷8kg，纯钾5kg，追肥后浇水；清耕栗园进行除草松土，行间适时播种矮秆1年生作物或绿肥。7月下旬至 8 月初，果实迅速膨大期施增重肥，每 667m^2 施纯氮 5kg，纯磷 6kg，纯钾 20kg，根据土壤含水量浇增重水。种植绿肥的果园翻压肥田或刈割覆盖树盘。采收前 1 个月或半个月间隔 10~15d 喷 2 次 0.1% 磷酸二氢钾。果实采收后叶面喷布 0.3% 的尿素液。10 月施基肥，每 667m^2 施充分腐熟的土杂肥 3 000kg + 纯氮 5kg。对空苞严重的果园同时土施硼肥，方法是沿树冠外围每隔 2m 挖深 25cm，长、宽各 40cm 的坑，大树施 0.75kg，将硼砂均匀施入穴内，与表土搅拌，浇入少量水溶解，然后施入有机肥，再覆土灌水。

四、整形修剪

板栗丰产树形标准有 4 个。一是主干低。山坡栗园树干高 50cm 左右，平地栗园树干高 80cm 左右。二是树冠矮。丰产树的冠高不超过 4~5m。三是主枝少。自然开心形 3~4 个主枝，主干疏层形 5 个主枝为宜。四是骨架牢固。主枝分布均匀，主从关系分明，侧枝配备均匀适当，结果枝组多而粗壮，内膛无光秃。生产上常用的树形有自然开心形和主干疏层形。

自然开心形山坡栗园树定干高 50~60cm，平地树定干高 80cm 左右。若幼树生长旺盛，生长量已经达到定干高度时，定干可以提前进行，即在生长季节进行摘心，以促进当年抽生二次枝。2 年生树从定干剪口下萌生的几个枝条中，选留 3 个分布均匀、长势较一致枝作主枝，主枝留 50~60cm 短截。3 年生树对 3 个主枝，根据生长强弱而定，强枝剪 1/3，弱枝剪 1/2。主枝上选留 1~2 个侧枝，适当短截。主干疏层形适宜平地或土质肥沃的栗园，全树共有主枝 5 个，分 2 层着生。第 1 层主枝 3 个，上下错开，层内距 30~40cm；第 2 层有主枝 2 个，着生部位与第 1 层主枝相互交错，距离 1m 左右，层内距 50cm 左右。

每个主枝上着生侧枝3~4个,整个树冠高4~5m。主侧枝修剪及其他枝的短截或疏留,与自然开心形相同。

此外,也可采用变则主干形,该树形干高70~100cm,主枝4个,均匀分布在4个方向,层间距60cm左右,主枝角度大于45°,每一主枝上有侧枝2个,第1侧枝距主枝基部1m左右,第2侧枝着生在第1侧枝的对侧,距第1侧枝40~50cm,完成整形后树高4~5m。

进入结果期修剪的任务是充分利用空间,增加结果部位,保证内膛通风透光。具体应根据树势短截弱枝,培养健壮更新枝,及时控制树膛内强旺枝,疏除过密枝、纤细枝、雄花枝、发育枝、病虫枝以及徒长枝,只留树冠外围的结果枝。一般在栗苞采收后立即进行。具体要处理好结果母枝、徒长枝和枝组。树冠外围生长健壮的1年生枝,大多为优良的结果母枝,要适当轻剪,就是每个2年生枝上留2~3个结果母枝,余下瘦弱枝适当疏除;树冠外围20~30cm的中壮结果母枝除适量疏剪外,还应短截部分枝条,使之抽生新的结果母枝;5~10cm的弱结果母枝应疏剪或回缩。结果母枝的留量以每平方米树冠投影面积留枝8~12个为宜。成年结果树上发生的徒长枝,应适当选留并加以利用。在选留徒长枝时,应注意枝的强弱、着生位置和方向。生长不旺的徒长枝一般不短截,生长旺盛的徒长枝除注意冬季修剪外应在夏季进行摘心,或通过拉枝削弱顶端优势,促使分枝扩大树冠,第2年从抽生的分枝中去强留弱,剪除顶端1~2个比较直立强旺的分枝,留水平斜生枝。对衰弱栗树上主枝基部发生的徒长枝,保留作更新枝。对多年结果后的枝组,应回缩使其更新复壮。如结果枝组基部无徒长枝,则留3~5cm短桩回缩。促使基部休眠芽萌发为新梢,再培养成新的枝组。当枝头出现大量的瘦弱枝和枯死枝时,应及时采用放强缩弱、缩放结合、轮替更新的方法进行修剪；树冠外围强壮结果母枝任其继续结果，对外围的"香头码""鸡爪码"等弱枝进行回缩修剪。回缩修剪前，应先培养大、中、小不同年龄的"接班枝"以及时恢复树势。对不能抽生结果枝的衰弱大枝，一般都回缩到有徒长枝或休眠芽萌发的生长枝部位，以利用这些枝条培养骨干枝。徒长枝的选择和利用同结果树的修剪。

五、花果管理

雄花序长到 1~2cm 时，保留新梢最顶端 4~5 个雄花序，其余全部疏除。一般保留全树雄花序的 5%~10%。采用化学疏雄的方法是在混合花序 2cm 时喷 1 次板栗疏雄醇。雄花序长到 5cm 时喷施 0.2% 尿素 +0.2% 硼砂混合液，空苞严重的栗园可连续喷 3 次。当 1 个花枝上的雄花序或雄花序上大部分花簇的花药刚刚由青变黄时，在早晨 5 时前采集雄花序制备花粉。当一个总苞中的 3 个雌花的多裂性柱头完全伸出到反卷变黄时，用毛笔或带橡皮头的铅笔，蘸花粉点在反卷的柱头上。也可采用纱布袋抖撒法或喷粉法进行授粉；夏季修剪并疏栗蓬，及早疏除病虫、过密、瘦小的幼蓬，一般每个节上只保留 1 个蓬，30cm 的结果枝可保留 2~3 个蓬，20cm 的结果枝可保留 1~2 个蓬。

六、适时采收及采后处理

当栗蓬由绿变黄，再由黄变黄褐色，中央开裂，栗果由褐色完全变为深栗色，一触即脱落时采收。采收前要清除地面杂草或铺塑料膜，然后振动树体，将落下栗实、栗苞全部捡拾干净。每天早、晚各 1 次，随拾随贮藏。也可采用分批打落栗苞然后捡拾的方法采收，每隔 2~3d 按照从树冠外围向内的顺序，用竹竿敲打小枝振落栗苞,然后将栗苞、栗实捡拾干净。采收后及时对栗苞进行"发汗"处理。具体方法是选择背阴冷凉通风的地方,将栗苞薄薄摊开,厚 20~30cm,每天泼水翻动,降温"发汗"处理 2~3d 后,进行人工脱粒。

第十章 猕猴桃

猕猴桃是原产我国的一种古老树种,为当代国际上的一种新兴水果,被誉为"水果王"。果实营养丰富,含有人体必需的各种营养物质。果实除鲜食外,还可制成各种加工品。具有维持心血管健康、抗肿消炎等重要医疗价值。猕猴桃早果丰产,适应性强,经济高,生产前景广阔。

第一节 主要优良品种

一、金早

金早为优良鲜食雌性品种。株型紧凑,树势中庸,果实卵圆形,果皮黄褐色,果顶突出,中轴胎座小。平均单果重102g,最大单果重159g。果肉黄色,汁多味甜,清香,品质佳。维生素C含量1 240mg/kg,总酸含量17g/kg,可溶性固形物含量13.3%,总糖含量5.1%。嫁接苗定植第2年有76%的植株开花结果,最高株产4.5kg,5年后进入盛果期,产量15.5t/hm^2。在武汉,3月上中旬萌芽,4月底始花,8月中旬果实成熟,是弥补市场空缺的优良早熟品种。

二、金霞

金霞为优良鲜食雌性品种。树势健壮,果实近圆柱形,平均单果重85g，最大单果重134g。果皮灰褐色，果顶微凹，密被灰色短茸毛。果心小，果肉淡黄色，汁多味甜，维生素C含量1 100mg/kg，可溶性固形物含量15.0%，总糖含量7.4%，有机酸含量0.95%，总氨基酸0.603%，品质上等。嫁接苗定植后第2年始果，盛果期最高株产80kg。果实成熟较晚，在武汉9月中下旬成熟，是中华猕猴桃中耐贮性强的品种，果实适于鲜食与加工。植株耐高温、干旱，抗风能力强。

三、武植3号

武植3号为优良鲜食雌性品种。树势强旺，果实椭圆形，果皮薄，暗绿色，果面茸毛稀少。平均单果重118g，最大单果重156g。果肉绿色，质细汁多，味浓而清香，果心小，品质上等。维生素C含量2 750~3 000mg/kg，总酸含量9~15g/kg，可溶性固形物含量15.2%，总糖11.2%，品质上等。嫁接苗定植后第2年开始结果，株产量4.5kg，第3年平均产量12.5kg。在武汉果实9月底成熟。

四、金桃

金桃为优良鲜食雌性品种。树势中庸，枝条萌发力强。果实长圆柱形，果皮黄褐色，果面光洁无毛，果顶稍凸，外观漂亮。平均单果重82g，最大果重121g，果心小而软，果肉金黄色，质地脆，细而多汁，酸甜适中，维生素C含量1 470~1 520mg/kg，有机酸1.69%，含可溶性固形物18.05%，品质上等。丰产稳产，产量高，平均产量30t/hm^2。在武汉9月中下旬成熟，常温下可贮藏40d左右。抗病虫能力强。

五、金艳

金艳为优良鲜食雌性品种。是以毛花猕猴桃为母本,以中华猕猴桃为父本进行杂交,从杂交后代中选育出的新品种。树势强旺,枝梢粗壮,果长圆柱形,平均单果重101g,最大果重141g,美观整齐,果皮黄褐色,少茸毛。果肉金黄,果实可溶性固形物含量平均为16%,最高可达19.8%,含酸量为0.86%~1.55%,固酸比10.5~18,维生素C含量高达1 055 mg/kg,肉质细嫩多汁,风味香甜可口,营养丰富。果实软熟前硬度大(18.0~20.9kg/m^2),特耐贮藏,在常温下贮藏3个月好果率仍超过90%,与最耐贮的品种"海沃德"相当,远优于国内其他猕猴桃主栽品种,优于国际上另两个黄肉品种"Hortl6 A"和"金桃"。嫁接苗定植第2年开始挂果,在高标准建园的情况下,第3年每667m^{2}产量可达到1 000kg,第4年进入盛果期,产量2 500kg。

六、磨山4号

磨山4号(国家审定品种)为雄性品种。属中华猕猴桃雄性品种,株型紧凑,节间短,长势中等,1年生枝棕褐色,皮孔突起,较密集,叶片肥厚,叶色浓绿富有光泽,半革质。普通中华猕猴桃雄花为聚伞花序,2~3朵花,而"磨山4号"为多聚伞花序,3~6朵花,花期比其他雄性品种花期长约10d。花萼6片,花瓣6~10片,花径可达4~4.3cm,花药黄色,平均每朵花的花药数59.5,每花药的平均花粉量为40 100粒,可育花粉189.3万粒,发芽率75%。在武汉,花期为4月25日至5月15日,落叶期为12月下旬,抗病虫能力强。

七、早鲜

早鲜由江西省农业科学院园艺研究所选出,属中华猕猴桃系。果实圆柱形,平均单果重83.4g,果肉黄色或绿黄色,果心小,质细多汁,微清香。可溶性固形物含量12.5%~16.4%,每100g鲜果肉含维生素C 73.5~112.8mg,并含有16种游离氨基酸,品质优良。果实采收期为8月中下旬至9月初。果实在室温下可存放10~15d,货架期10d左右。该品种树势较强,以短缩果枝和短果枝结果为主,花朵着生在结果枝1~9节叶腋间,较丰产,但抗旱性、抗涝性较差。

八、秦美

秦美由陕西省果树研究所选出,属美味猕猴桃系。果实近椭圆形,果皮褐色,平均单果重102.5g,果肉绿色,肉质细嫩多汁,有香味。可溶性固形物含量10.2%~17%,每100g鲜果维生素C 190~354mg,品质优良。果实采收期为10月下旬至11月上旬。耐贮藏,室内常温(10℃)下可贮藏100d。以中长果枝结果为主,结果枝多着生在结果母枝的第5~12节。结果早,丰产、稳产,抗逆性强,适应性广,适宜pH值6.5~7.5壤土及沙土条件下栽培。

九、华美2号

华美2号由河南省西峡猕猴桃研究所选出,属美味猕猴桃系。果实长圆锥形,果皮黄褐色,平均单果重112g,果肉黄绿色,肉质细嫩多汁,富有芳香。可溶性固形物含量14.6%,每100g鲜果肉含维生素C50~76mg。耐贮性强,果实货架期长。该品种生长势中庸,以长果枝结果为主,结果枝多着生在结果母枝的第 5~12 节，但早熟性、丰产性较差。

十、江山娇

江山娇是以中华为母本，毛花为父本杂交一代中选育的观赏鲜食兼用的品种。树势强旺，花色艳丽，玫瑰红色，花瓣多（6~8瓣），花瓣增大（花径 4.5cm×4.5cm）。果实扁圆形，平均果重 25g，最大果重 39g，果肉翠绿色，质细，维生素 C 含量高达 814mg/100g，可溶性固形物 14%~16%，总糖 10.8%，有机酸 1.3%。1 年开花为 5 次，每次花期一般 7~10d，最长可达 20d。在武汉，第 1 次开花的始花期 5 月 4 日，终花期 5 月 15 日。第 1 次开花结果后，结果母枝又抽出新的结果枝，1 年内不断现蕾、开花、结果，花果同存，果实比毛花大。可作为长廊、围篱等园林绿化树种，可培养成多种树形，美化环境。该品种适应性广，抗性强。

十一、超红

超红（湖北省审定品种）以毛花为母本，中华为父本杂交一代中选育的观花品种。树势强旺，花色艳丽，玫瑰红色，花冠大，花量大，花粉多而芳香，花期长，1 年开花 4 次以上，1 年中首次开花从 5 月 7 日开始，至 5 月 30 日终花，历时 23d。随后 6—8 月相继开花。花枝率高，达 96%，花量大，为聚伞花序，每花序有花 5~11 朵，花瓣 5~10 瓣，花径 4.8cm（毛花 4.0cm）。超红枝条蔓性强，可以根据园林用途进行多种造型，装饰围篱可设计为扇形、双臂双层树形；装饰长廊可培养成单主干双（多）主蔓的大棚架树形，生长季节花团锦簇，既可供人歇足休息，又可欣赏风景，是庭院及园林长廊绿化优良树种。

第二节 对环境条件的要求

一、温度

大多数猕猴桃要求温暖湿润的气候,即亚热带或暖温带湿润和半湿润气候。主要分布在北纬18°~34°的广大地区。中华猕猴桃和美味猕猴桃以年平均气温15~18℃的地区最为适宜,要求无霜期在160d以上,可在极端最高气温为42℃、极端最低气温为-20.3℃的地区正常生长。猕猴桃的生长发育过程受气温的控制。美味猕猴桃在气温升到10℃以上时,芽开始萌动,达到15℃以上时开花,20℃以上时结果,秋末气温下降到12℃以下时,开始休眠落叶。冬季经950~1 000h低于4℃的低温积累,就可满足休眠需要。猕猴桃对早春倒春寒、晚霜及早霜十分敏感,在低温、霜害地区采取埋土防寒,可取得良好的效果。

二、光照

多数猕猴桃种类喜半阴环境。在不同发育阶段对光照要求不同,幼苗期喜阴凉,怕阳光直射。移栽的幼苗需遮阴保墒。成年开花阶段需要充足的光照,才能保证正常的开花结果。但有强光暴晒则易出现叶缘焦枯、果实日灼。一般猕猴桃是中等喜光性果树,喜漫射光,忌阳光直射。要求日照时数为1 300~2 600h,自然光照强度在40%~45%为宜。

三、水分

猕猴桃喜潮湿,怕干旱,不耐涝。适于年降水量742~1 865mm,空气相对湿度74%~86%的环境。中华猕猴桃在土壤含水量5%~6%时，叶片开始萎蔫，长期的积水会导致植株枯萎死亡。

四、土壤

猕猴桃对土壤适应性较强，最适宜在土层深厚、肥沃、疏松的沙壤土上生长。在透气性差的黏重土壤上生长不良，喜微酸性土壤，pH值5.5~7的土壤生长较好。

五、风

风对猕猴桃生长有一定影响。春季干风可使枝条干枯；夏季干热风会使叶缘焦枯，叶片凋萎；大风常造成嫩梢折断，叶片破碎，果实擦伤。在多风地区应注意设置防风林。

第三节 花果管理

一、育苗

猕猴桃可采用实生、扦插、压条、嫁接和组织培养方法繁殖，生产上应用最为普遍的是嫁接和扦插。

（一）嫁接

主要采用单芽片腹接、单芽枝腹接等方法。猕猴桃培育砧木苗要注意出苗前后进行覆盖和遮阴。

1. 单芽片腹接

该法在春、夏、秋季都可采用。2月成活率及萌芽率较高。当砧木部位直径达0.5cm以上时进行嫁接。具体操作程序是：①削芽片。在接芽下约1cm处，以45°角斜切到接穗直径的2/5

处，再从芽上方约 1cm 处，沿形成层往下纵切，略带木质部，直到与第一刀底部相交，取下芽片，全长 2~3cm。②切砧木。在砧木离地面 5~10cm 处，选择光滑面，按削芽片同样方法切削，使切面稍大于接芽片。③嵌芽片及包扎。将芽片嵌入砧木切口对准形成层，上端最好稍露白，用塑料薄膜带捆绑，露出接芽及叶柄即可（图 10-1）。

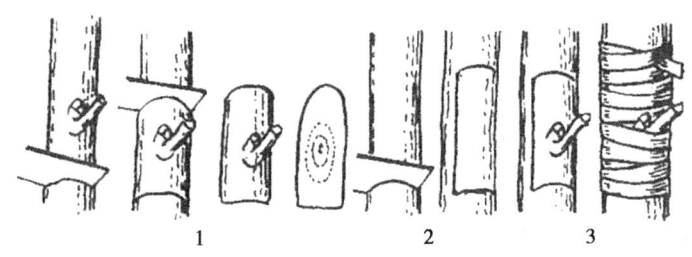

图 10-1　单芽片腹接

1. 削芽片；2. 切砧木；3. 嵌芽片及包扎

2. 单芽枝腹接

春、夏、秋季都可采用此法（早春应在猕猴桃伤流期前 20~30d 进行）。砧木充实，粗度 0.5~1.5cm 易成活。接穗切带一个芽的枝段，从芽的背面或侧面选择一个平直面，削 3~4cm 长，深度以刚露木质部为度。在其对应面削 50°左右的短斜面。于砧木离地面 10~15cm 处选比较平滑的一面，从上向下切削，并将削离的外皮保留 1/3 切除，然后插入接穗，用塑料薄膜条包扎，露出接穗芽（图 10-2）。

（二）扦插

猕猴桃扦插分硬枝插、嫩枝插和根插三种。硬枝插一般在伤流期前进行。插条选择健壮且腋芽饱满，粗 0.4~0.8cm 的一

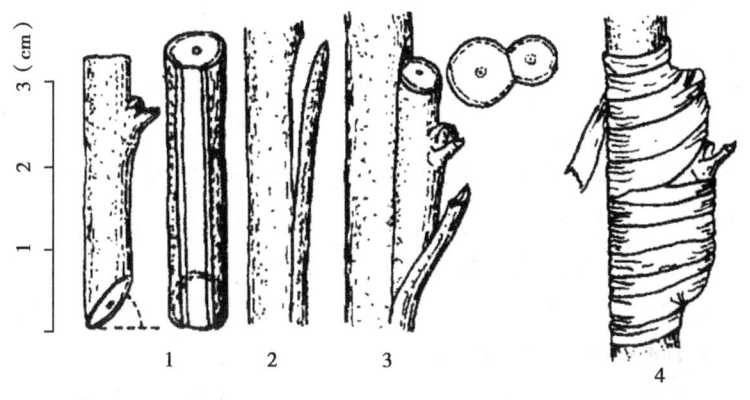

图 10-2 单芽枝腹接
1. 削接芽；2. 切砧木；3. 插接芽；4. 包扎

年生枝条。插条亦可在冬季休眠修剪时采集，如不能立即扦插，可先立即沙藏。插前剪成带有 2~3 个芽的枝段，下部靠节下平剪，上部距芽上 1~2cm 处剪断，剪口要平滑，并用蜡密封。插条基部用 5 000mg/L IBA 浸蘸 5s。对嫩枝插选当年生半木质化枝条作插穗，长度随节间长度而定，一般 2~3 节。距上端芽 1~2cm 处平剪，并留一片或半片叶，下端紧靠节下剪成斜面或平面，并用 200mg/L IBA 处理。扦插后灌水，以后注意床土不要供水过多，生长期间注意喷水，保持相对湿度在 90% 左右，土温 20~25℃。若气温升高，可喷水降温，或揭开部分塑料薄膜通风降温，逐渐增加通风次数，延长揭薄膜时间，锻炼幼苗，1.5~2 个月后，将薄膜全部揭去，秋末将扦插苗移栽盆内，放在冷室，保持一定湿度，翌春定植。

二、建园

猕猴桃选择在年均气温 12℃ 以上，极端最低温度不低于

-16℃,年降水量在1 000mm以上,空气相对湿度大于或等于70%,土层深厚、富含有机质、pH6~7、地下水位在1m以下的轻壤土、中壤土或沙壤土地块建园。苗木选择纯正、无检疫性病虫害、生长健壮、抗病力强、品质好、商品性好的品种。中华猕猴桃品种使用中华猕猴桃或美味猕猴桃作砧木,美味猕猴桃品种使用美味猕猴桃作砧木。主栽品种与授粉品种比例为1:(5~8)。猕猴桃在春、秋皆可定植,但北方以春栽为宜。春季定植在4月至5月中旬,秋植在10月上中旬。定植株行距大棚架为4m×4m,T形架为(3.5~4)m×(2.5~3)m,篱架3m×3m。采用高垄栽植。定植时,每穴施入腐熟有机肥20kg,过磷酸钙1kg,埋土后轻轻踏实。为加速培育主干、增加主干牢固性,在定植时需立支柱,以绑缚枝干,使其垂直向上迅速生长。定植后在苗的周围插上带叶的枝条覆盖,使透光率在30%左右。也可在行间靠近苗木播种生长迅速的高秆作物,春、夏季利用其枝、叶、茎秆遮阴,秋季间作物枝叶干枯后,小树则暴露在全光照之下生长。对春季风大地区,定植后将苗按倒用土盖上,发芽时除去覆土;或用塑料膜覆盖,发芽时剪洞将枝条露出。秋栽苗木栽后埋土越冬。

三、土肥水管理

幼龄果园结合秋冬施肥进行深翻改土,深翻通常与秋施基肥结合,一般在果实采收后进行。翻土深度一般60~80cm。穴栽树可采取逐年扩穴的方法,直到植株间土壤全部深翻为止。深翻要避免伤根,翻后即灌水,以促进根系的恢复。行间间作豆科植物如大豆、绿豆等。雨季或灌水后应注意中耕除草,保持全园疏松无杂草状态。夏季高温来临前进行覆盖。覆盖材料为秸秆、锯末、糠壳、绿肥和杂草等,覆盖方法有3种,即树盘覆盖、种植带覆盖和全园覆盖。其中以种植带覆盖最为常用，覆盖厚度约25cm。休眠期进行追肥、灌水。肥料以速效性的氮肥为主，配合磷、钾肥，每667m^{2}施入量幼树为15kg，成年树为30kg，硼砂5~10kg。萌芽和新梢生长期根据农时及时种植间作物，根外追施1次0.2%尿素，或根据猕猴桃缺素情况，追施适量铁、锌、钙、镁等其他微量元素肥料。开花前灌1次水。在花蕾期或盛花期喷洒0.1%~0.2%硼酸或硼砂1~2次，或每株地面施硼砂25~40g。花后20d每667m^{2}施硫酸钾30~40kg，树势弱的施复合肥，并灌水。9月上中旬追施纯钾肥或磷、钾复合肥30kg并灌水。其间叶面喷施2次0.2%~0.3%磷酸二氢钾。并注意适时灌"跑马水"。对结果大树最好采用喷灌。雨季应及时排除积水。果实采收后结合深翻改土秋施基肥。在离主干50cm左右挖深30~40cm沟施入。每667m^{2}用量为充分腐熟的有机肥5 000kg，混合施入过磷酸钙80kg，达到"1斤果2斤肥"。施肥后及时灌水。

四、整形修剪

（一）主要架式及整形过程

1. 架式

猕猴桃架式主要有篱架（单、双）、棚架（平顶、倾斜）及T形小棚架。棚架基本结构同葡萄。篱架高1.8~2m，架距4~6m，架上牵引3道铁丝，第1道铁丝距地面60cm，以上间隔60~70cm设第二、第三道铁丝。T形小棚架架高1.8~2m，架距3~4m，架顶横梁宽1.5~2m，其上拉3~5道铁丝。在支柱上，从地面向上相距60~70cm拉两道铁丝。在3~5年以篱架为主，同时培养棚架，当架面布满后，逐步淘汰篱架部分，充分利用 T 形架。

2. 整形

对于篱架可用多主蔓扇形、双臂双层水平形或双臂三层水平形；平顶大棚架是 T 形小棚架的扩大，具体整形方法基本相同，仅主蔓稍多。T 形小棚架采用双臂三层水平形，其整形过程是：苗木在两根支柱中间定植后，留 3~5 个饱满芽短截。春季选留 3 个生长健壮的新梢直立绑缚，分别培养成主干和第 1 层铁丝上的 2 个主蔓。培养第 1 层主蔓的新梢达到一定长度后绑缚在第 1 层铁丝的两边。培养主干的新梢长到超过第 2 层铁丝以上时摘心，使其产生分枝，培养出第 2 层，用同样方法可培养出棚架上的第 3 层，第 3 年不培养主干。棚架形成后，逐步疏除第 1 层、第 2 层主蔓。

（二）修剪

猕猴桃冬剪在落叶后至伤流期之前进行。主要任务是幼树整形，具体方法是：结果树调整骨架上侧蔓和结果母枝，确定结果母枝数量和芽数，更新结果母枝；衰老树根据程度进行更新修剪。对 1~2 年生树，其冬剪主要以轻剪长放为主；3~4 年生树，以轻剪并辅以短截为主；第 5 年以后，篱架猕猴桃主要以轻重短截及疏枝为主；猕猴桃 T 形小棚架，除作为绑缚在架面上的结果母枝以中度短截为主外，其余枝可行较重短截或疏除。冬剪主要掌握留枝量、修剪长度和枝蔓更新三项技术。

留枝量可根据架式确定。篱架每株保持健壮的结果母枝 50~60 个，就是 30~45cm 留一结果母枝，每平方米留结果母枝 3 个。T 形小棚架保留 16~20 个达到架面的结果母枝，就是每 30~50cm 留一结果母枝。猕猴桃结果母枝的有效芽数每平方米保持在 30~35 个。

结果母枝的剪留长度（芽数），根据架式、品种结果习性、枝梢用途、树龄树势、结果母枝强弱和枝芽负载量等因素综合确定。一般篱架的结果母枝留2~8个芽短截；T字形小棚架时，对缚于棚面上的结果母枝留14~20个芽短截，其余枝留2~8个芽后短截或疏除。

枝蔓更新主要根据被更新枝条的生长状况确定。若母枝基部有生长充实健壮的新枝，可将结果母枝回缩到健壮的部位；若结果母枝生长过弱或其上分枝过高，冬季修剪时，可根据具体情况短截或回缩到适当位置。更新结果母枝，要有计划地进行，一般每年对全树1/3左右的结果母枝进行更新，尤其对棚面上的母枝尤为重要。

猕猴桃雄株冬剪主要是疏除细弱枝、枯死枝、扭曲缠绕枝、病虫枝、交叉重叠枝、过密枝和不必要的徒长枝。轻截生长充实的各次枝。短截留作更新的徒长枝、发育枝，回缩多年生衰老枝。一般萌芽前整修架面，上架绑蔓。

猕猴桃夏季修剪主要是抹芽、摘心、疏枝和绑枝等。具体要求是萌芽后及时抹芽。对砧木上的萌蘖、主干和主蔓上长出的过密芽、直立向上的徒长芽、结果母枝或枝组上密生的、位置不当的细弱芽，双生、三生芽只留1个；抹芽后绑枝前根据架面确定结果枝留量：在结果母枝上，每隔15~20cm保留1个结果枝，每平方米在架面保留正常结果枝10~12个；新梢长至30~40cm长时开始绑枝。一般应将结果枝和营养枝均匀地绑缚在架面上。对较直立生长的旺盛枝，要将其引缚成斜向或水平向。在开花前10d对旺长新梢摘心。徒长枝如作预备枝，留4~6片叶摘心。发育枝可留14~15片叶摘心；结果枝从开花部位以上留7~8片叶摘心。摘心后新梢先端所萌发的二次梢一般只留1个，待出现2~3片叶后反复摘心，或在枝条突然变细、芽片变小、梢头弯曲处摘心。在果实发育期未抹芽、摘心的旺长新梢，在坐果后 1~2 周进行短截和疏枝。疏除过多的发育枝、细弱的结果枝及病虫枝。短截生长过旺而未及时摘心的新梢及交叉枝、缠绕枝和下垂枝。

五、花果管理

当植株有 15% 以上雌花开放时，在猕猴桃园每 667m^2 设置蜂箱 1~2 个，并配合人工辅助授粉。具体采用两种方法：一是将雄花采集到器皿中，花粉散开后，用毛笔将花粉涂到雌花柱头上；二是将刚开放的雄花摘下对准雌花花柱轻轻转动，一朵雄花可授 5~8 朵雌花。也可将花粉用滑石粉稀释成 20~50 倍，用电动喷粉器喷粉。并在花蕾期或盛花期施硼酸或硼砂。为提高产量和果实品质，应进行疏花疏果。疏花蕾一般在侧花蕾分离后 2 周开始，强壮长果枝留 5~6 个花蕾，中庸果枝留 3~4 个花蕾，短果枝疏花疏果留 1 个花蕾。要求疏除时保留主花而疏除侧花，全树留花量应比预留的果数多 20%~30%。疏果在坐果后 1~2 周内完成。一般短缩果枝上的果均应疏去，中长果枝留 2~3 个果，短果枝留 1 个果或不留；徒长性结果枝上 4~5 个果；同一枝上，中上部果多留，尽量疏去基部果。使其叶果比达到（5~6）：1。

六、适时采收与催熟

根据果品用途确定采收时期，就是在猕猴桃的不同成熟期进行采收。中华猕猴桃供贮藏用的果品应在果实达到可采成熟度时采收。具体标准是可溶性固形物含量达到 6.1%~7.5%；用于短期贮藏的猕猴桃可在可溶性固形物含量达到 9%~12% 的食用成熟度时采收；若采收后及时出售，要求可溶性固形物含量达到12%~18%，就是猕猴桃的生理成熟度时采收。采收时采用人工采摘，轻摘轻放，从果梗离层处折断，放入布袋或篮子内，再集中放到大筐或木箱中。筐或箱内垫上草或塑料膜。为及时供应市场，可采用乙烯催熟，其方法有二：一是采前树体喷布，浓度是50mg/L；二是采后果实喷布，可用400倍液，常温下12d之后果实全部变软；三是贮藏前处理果实，先用500倍液浸果数分钟，晾干后在进行分级、包装和贮藏。

第十一章 柿

柿是我国主要果树树种之一，因在晚秋成熟，故有"晚秋佳果"的美称。柿在我国已有2 000年以上的栽培历史。其果色泽艳丽，甘甜多汁，具有较高的营养价值和药用疗效。柿果除鲜食外，还可制成柿饼、柿脯、柿干以及酿酒、制醋等，为水果和干果兼用果品。柿树叶大果艳，树形美观，抗逆性强，耐尘力强，是良好的园林美化和行道树种。柿树具有寿命长、产量高、收益大、易管理的优点，发展柿树生产在增加农民收入和调整农业产业结构方面具有重要的意义。

第一节 主要优良品种

一、涩柿类

目前，经济栽培的涩柿类优良品种主要有磨盘柿、镜面柿、新安牛心柿、高脚方柿、恭城水柿等。

（一）大磨盘柿

大磨盘柿又名盖柿（河南、山西）、盒柿（山东）、腰带柿（湖南）。为华北地区生食涩柿主栽品种，亦可用于制饼。果实扁圆形，略方，胴部缢痕深而明显，形如磨盘。果实极大，平均单果重250g，最大可达500g以上。果皮橙黄色或橙红色。果肉淡黄色，肉质松脆多汁，味甜，无核，可溶性固形物含量16.6%~18.2%。10月中下旬成熟，耐贮运。该品种树势强，适应性强，抗寒，抗旱，较抗圆斑病，但抗风力差。喜肥沃土壤，单性结实力强，生理落果少，但大、小年较明显，产量中等。

（二）托柿

托柿又名莲花柿（河北），产于山东、河北等省，是生食、制饼兼用型涩柿品种。果实短圆柱略方形，果顶平，果面具十字形沟纹，缢痕较浅，平均单果重150g。果皮薄，橙黄到橘红色。果肉橙红色，多纤维，味甘甜，可溶性固形物含量21.4%，品质上等。果实10月下旬成熟。不耐贮运。该品种高产稳产，易成花，寿命长。适应性强，抗风力极强。

（三）镜面柿

镜面柿果实平均单果重195g。扁圆形，略方。深橙红色，果肉橙红色，汁少，味甜，种子少。果肉易变软，宜软食或加工柿饼。该品种喜深厚土壤，抗旱耐涝，丰产稳产。果实特别适于加工柿饼。主要分布于山东菏泽。

（四）新安牛心柿

新安牛心柿平均单果重165g，大小整齐。长心形，果皮橙红色，果皮细腻。肉质松脆，汁液特多，味浓甜，品质上等，可用于加工柿饼或鲜食。主要分布在河南新安、渑池、济源、沁阳一带。树势强，丰产。

（五）高脚方柿

高脚方柿平均单果重约158g，高方圆形，橙黄色。果肉黄色，肉质较粗，汁少味甜，品质上等。主要分布在浙江、江西省。树势强健,丰产、稳产。

(六) 恭城水柿

恭城水柿果实平均单果重约144g,高扁圆形,深橙红色。果肉橙色,肉质脆硬,味甜,软化后水质,品质上等,宜加工柿饼或鲜食。分布于广西壮族自治区的恭城、平东等地。该品种与油柿嫁接亲和力强,树势中庸,丰产,质优,但不耐旱。

二、甜柿类

(一) 罗田甜柿

罗田甜柿原产我国湖北省,为生食、制饼兼用甜柿品种。果实扁圆形,平均单果重100g,橙红色,着色后即可食用。果肉致密,味甜,含糖20%,品质中上等。核较多。果实10月下旬成熟。不耐贮运。该品种高产、稳产,易成花,寿命长。抗干旱,耐湿热。

(二) 富有柿

富有柿原产日本岐阜县。果实扁圆形,平均单果重200~250g,果皮橙红色,熟后浓红色。果肉橙红色,肉质致密,柔软味甜,含糖18.7%,品质优。一般10月下旬采收,11月中旬至12月上旬完熟。能在树上脱涩,宜硬食。该品种与君迁子亲和力差,宜用本砧。树势强健,易形成花芽,丰产,大、小年不明显。易患炭疽病和根头癌病。单性结实力差,应配置授粉树。

(三) 次郎柿

次郎柿原产日本静冈县。果实平均单果重200~300g,果实扁圆形,从蒂部至果顶有4条明显的纵沟,果皮橙红色,完全成熟时呈红色。果肉黄红色，肉质细脆，汁多味甜，品质上等。核小，亦有无核。10月中下旬成熟。该品种树冠较小，枝条节间短，结果稳定，需配置授粉树或进行人工授粉。

（四）日本斤柿

日本斤柿是河南省林业科学研究所2001年从日本引进，因其重量1斤（0.5kg）左右，故名日本斤柿。经隔离观察，高接鉴定，嫁接繁殖和河南省多点试验，认为适合河南省各地大力发展栽培。该品种幼树长势健壮，结果后随产量增加树形自然开张。1年生枝呈灰褐色，皮孔纵长，中下部枝条下垂。叶片呈长椭圆形，叶片较厚，叶色深绿，正面有蜡质，光泽较强，叶背面主脉呈金黄色或绿色，侧脉呈轮生状沿主脉向两侧延伸。叶脉近处有褐黄色茸毛。有腋花芽结果习性，自花结实坐果率高，结果枝上结果部位集中。进入盛果期早，定植后第2年开始挂果，第3年进入盛果期，大量结果后，树体趋向中庸，无大小年结果现象。果实呈高桩形，果顶平或微凹，果面有明显4条纵沟。果实成熟后为橙红色，平均单果重400g，最大果实重650g以上。果皮厚，果肉全黄色或橙红色，基本无子，肉质绵甜，可溶性固形物含量17%~19%，纤维较小，具有很强的适口性，品质极佳。其适应性和抗逆性均较强。根系发达，抗旱能力较强，对土壤要求不严。沙壤土、黏土均能生长良好。5月底进入盛花期，10月初果面着金黄色，可采收上市，采收期可延长到11月中旬左右，12月上旬落叶。

第二节 对环境条件的要求

一、温度

柿树喜温耐寒。在年平均温度 10.0~21.5℃，绝对最低温度不低于 -20℃ 的地区均可栽培，但以年平均气温 13~19℃ 最为适宜。甜柿耐寒力比涩柿弱，要求生长期（4—11 月）平均气温在 17℃ 以上。冬季低于 -15℃ 时易发生冻害。

二、水分

柿树耐湿抗旱。在年降水量 500~700mm、光照充足地方生长发育良好，丰产优质。由于柿树根系分布深广，故较耐旱，一般在年降水量 450mm 以上地方，不需灌溉，但在开花坐果期，发生干旱，易造成大量落花落果。

三、光照

柿树喜光，但也较耐阴。一般在光照充足地方，柿树生长发育好，果实品质优良。对于甜柿要求 4~10 月日照时数在 1 400h 以上。

四、土壤

柿树对土壤要求不严，山区、丘陵、平地、河滩均能生长。但以土层深 1m、土壤 pH 值 6.0~7.5、含盐量 0.3% 以下、地下水位在 1.5m 以下，保水排水良好的壤土和黏壤土为宜。

第三节 花果管理

一、育苗

柿采用嫁接法育苗。砧木为君迁子、实生柿。枝接一般在3月下旬至4月上旬,春季萌芽前后,采用劈接、皮下接和腹接法;芽接萌芽在萌芽时采用T字形芽接;而6~9月可采用嵌芽接、工字形芽接、套芽接和T字形芽接方法。

二、建园

(一) 品种选择和授粉树配置

柿品种选择要根据立地条件、气候特点、栽培目的和经营规模确定。在交通便利的城镇附近或工矿区,选择果大、色艳、味美、质优、脱涩容易的鲜食品种;反之选择果实中等大小、果形整齐、果面光滑、出饼率高、饼质好的品种。经营规模小($1hm^2$以下) 的地方,宜在同一园内选2~3个成熟期大体一致品种;经营规模大(大于$2hm^2$) 的地方,不同成熟期品种可合理搭配。

(二) 栽植

北方柿在春季萌芽前的3月中旬栽植;南方柿在秋季落叶后的11~12月栽植。滩地、土层深厚的肥沃地株行距为$4m \times 6m$或$6m \times 8m$;丘陵、土层较瘠薄的株行距为$4m \times 6m$或$5m \times 6m$,而柿粮间作园则采用南北行向栽植,株行距为$6m \times (20~30)m$。定植前挖长、宽、深各1m的定植穴,表心土分放。在表土中每株加入10kg饼肥,混合好后待用。苗木选择粗壮、芽大、接口愈合良好的苗木。栽前苗木用清水浸泡24h。栽时，苗木根系向四周伸展，且与土壤紧密接触。栽后做好树盘，灌透水。待水渗下后用细土覆盖。干旱地区树盘覆1m²地膜，外高内低呈漏斗形。

三、土肥水管理

柿树定植后扩穴深翻；而成年树秋耕或深刨20~30cm，并避免损伤大根。春季柿园树下覆膜，树盘覆草；而幼园和柿粮间作园，行间种植矮秆作物如花生、甘薯和豆类，并注意清除杂草。3月上中旬每株施尿素0.5~1.0kg；花前5~10d施尿素0.3~0.4kg；6月上中旬定果后及时追施磷酸二铵0.1kg，7月果实膨大期施磷酸二铵0.12kg+硫酸钾复合肥0.5kg，9月果实采收后施磷酸二铵0.12kg+硫酸钾复合肥0.5kg。采用环状沟沟施或穴施法。在生理落果期每15d喷1次0.3%~0.5%尿素，生长季后期叶面喷布0.3%~0.5%的磷酸二氢钾。果实采收后至落叶期每株施农家肥50~100kg；尿素0.5kg，过磷酸钙1kg，硫酸钾复合肥1.5kg。除每次施肥后灌水外，重点灌好新梢生长期、幼果膨大期和着色后果实膨大期水。一般幼树每株灌水量50~100kg，成年树100~150kg。灌水方法是盘灌、沟灌、畦灌和穴灌，有条件者最好采用喷灌、滴灌、渗灌、微喷灌等，无灌溉条件的山丘果园，采用覆膜或覆草保墒。

四、整形修剪技术

柿树树形有疏散分层形、自然圆头形和纺锤形。树姿直立品种可用疏散分层形；干性弱、分枝多、树姿较开张品种，采用自然圆头形；而成片密植栽培可采用纺锤形。疏散分层形干高1m左右，第1层主枝3~4个，第2层主枝2~3个，第3层土枝1~2个。层间距60~70cm，层内距40~50cm。上下层主枝错落分布。而纺锤形干高50cm，主枝8~12个，分枝角度70°~85°，在中心干错落分布，相间15~20cm，在主枝上着生中、小型结果枝组。树高3m左右，冠径3~4m。

栽后按树形结构要求定干，选好主枝。休眠期主、侧枝延长枝轻短截或缓放。中心干延长枝剪留约80cm。注意调整骨干枝角度、长势和平衡关系，衰弱时及时缩剪更新复壮。结果枝组培养以先放后缩为主。徒长枝拿枝后缓放，或先截后放培养枝组。枝组修剪放缩结合，过高、过长老枝组，及时回缩；短而细弱枝组，先放后缩。结果母枝去弱、疏密、留壮，或剪去顶端3~4个花芽。留下结果母枝生长健壮的一般不短截；强旺结果母枝剪去顶端1~3个芽；生长较弱的结果母枝从充实饱满的侧芽上方剪去。如果无侧芽，可从基部留1~2cm残桩短截。结果枝当年未形成花芽，可留基部潜伏芽短截，或缩剪到下部分枝处。有发展空间的徒长枝短截补空，否则从基部疏去。

柿树萌芽后及时抹除幼树整形带以下的芽，抹除大树上主枝交叉处、锯口附近和大枝拱起处萌发的向上或向下的芽和新梢，留侧下方1~2个新梢培养结果母枝。幼树骨干枝延长枝长至50cm左右摘心；大树骨干枝上新梢长至30~40cm时反复摘心，以培养结果枝组；有利用价值的徒长枝留20cm摘心。盛花期对生长健壮和旺树，在主枝基部、主干中下部或结果枝组上，环剥0.3~0.5cm，剥口用报纸或塑料膜包扎；并疏除细弱枝、过密枝。幼树整形期间，选留适当健壮枝作骨干枝，对其剪口下第一芽萌发新梢扶正绑直。

五、花果管理

柿树开花前疏花蕾。保留结果枝发育最大、开放最早的花蕾，其余疏除。始果期幼树主侧枝上花蕾全部疏除。甜柿品种果园放蜂或人工辅助授粉；花期喷0.1%硼砂+300mg/kg赤霉素；或0.3%尿素+0.1%硼砂+0.5%磷酸二氢钾，以提高坐果率。花后35~40d早期生理落果后疏果。首先疏除病虫果、伤果、畸形果、迟花果及易日灼果，保留不受日光直射的侧生果或下垂果，保留个大、整齐、深绿色，萼片大而完整的果实。保留1枝1~2个果，或15~18片叶留1个果。叶片在5片以下的小枝和主侧枝延长枝上不留果。

六、适期采收

根据柿果用途适期采收。榨取柿漆用果实在单宁含量最高的8月下旬采收；涩柿鲜食品种在果实由绿变黄尚未变红时采收；制柿饼用果实在果皮黄色减退呈橘红色时采收；软柿（烘柿）鲜食，在充分成熟、呈现固有色泽而未软化时采收；甜柿品种在充分成熟、完全脱涩、果皮由黄变红、果肉尚未软化时采收。采收采用折枝法或摘果法。折枝法是用手、夹杆或挠钩将果实连同果枝上、中部一同折下。摘果法是用手或采果器将柿果逐个摘下。二者交替使用。采收时轻拿轻放，采后及时剪去果柄，并在分级时将萼片摘去。

第十二章 石 榴

石榴原产于伊朗和阿富汗等中亚国家，汉代传入我国。其果实艳丽，是一种珍稀鲜食水果。石榴既可生食，也可制成果汁，具有重要的医用疗效。石榴花色艳丽，枝繁果美，是重要的园林观赏和盆景树木。西安市已将其定为市花。

第一节 主要优良品种

据统计，我国现有石榴品种150个以上，其中，食用品种140个，观赏品种及其变种10余个。目前，石榴树种当中的优良品种，果实近圆形或扁圆形，果皮鲜红色，果面光洁有光泽，外形极美观，厚度0.5~0.8cm，质脆，籽粒鲜红色，粒大肉厚，平均百粒重54g，含可溶性固形物17%~19%，味甜微酸，核小半软，口感好，风味极佳，品质上等。

一、食用优良品种

（一）泰山红

泰山红是山东省果树所在泰山南麓庭院内发现的。果实圆形或扁圆形，平均单果重450g，最大单果重750g。果皮鲜红色，果面光洁艳丽。籽粒鲜红色，晶莹剔透，粒大肉厚，平均百粒重54g，含可溶性固形物17%~19%，味甜微酸，核小，半软，口感好，风味极佳。产地 9 月下旬至 10 月上旬成熟。采收期遇连阴雨易裂果。该品种树势健旺，抗寒耐旱。

（二）豫石榴系列品种

1. 豫石榴 1 号

树势开张，5 年生树冠幅 4m，高 3m，枝条密集，成枝力强；幼枝紫红色，老枝深褐色；幼叶紫红色，成叶窄小、浓绿；花红色，总花量大。平均单果重 270.5g，最大单果重 672g。果形指数 0.92。果皮红色，有星点果锈。出籽率 56.3%，出汁率 89.6%。籽粒可溶性固形物含量 14.5%，含糖量 10.4%，含酸量 0.37%，味酸甜。

2. 豫石榴 2 号

树冠紧凑，5 年生树冠幅 2.5m，高 3.5m，枝条稀疏，成枝力较弱；幼枝青绿色，老枝浅褐色；幼叶浅绿色，成叶宽大、深绿；花冠白色，总花量少。平均单果重 348.6g，最大单果重 850g。果形指数 0.90。果皮黄白色，洁亮。出籽率 54.2%，出汁率 89.4%，籽粒可溶性固形物含量 14.0%，含糖量 10.9%，含酸量 0.16%，味甜。

3. 豫石榴 3 号

树势开张，5 年生树冠幅 2.8m，高 3.5m，枝条稀疏，成枝力一般；老枝深褐色，幼枝紫红色，成叶宽大、深绿；花冠红色，总花量少。平均单果重 281.7g，最大单果重 536g。果形指数 0.85。果皮紫红色，洁亮。出籽率 56%，出汁率 88.5%，籽粒可溶性固形物含量 14.2%，含糖量 10.9%，含酸量 0.36%，味酸甜。

3 个石榴品种雌雄同花，自花结实。1 号、2 号、3 号完全花率分别为 23.2%、45.4% 和 29.9%，坐果率分别为 57.1%、

59.0%和72.5%。结果母枝一般为上年形成的枝条,结果枝在结果母枝上抽生,叶片2~20个,顶端形成花蕾1~9个。强结果枝上的结果枝比例为83%以上,而结果枝上的结果枝仅为16%左右。3个石榴新品种,适宜土壤pH值5.5~5.8。在高肥力地区,丰产性尤为突出;在沙地、黄土丘陵土肥水较差条件下,植株生长中庸,丰产性和果实的优良品质也可表现出来。在-2℃下可安全越冬。3个品种对干腐病均有良好抗性。扦插苗栽后第3年结果,第5年进入盛果期,盛果期可达50年以上。

(三) 大红1号

大红1号丰产,树体强健,枝条粗壮,叶片中等;果为圆形,单果重500~800g,最大果重约1600g,皮色鲜红,光洁艳丽,果皮厚0.5cm,籽粒红色,百粒重55g,营养丰富,含糖量17%,可溶性物19%以上,富含钙、磷、铁等微量元素,味甜微酸,口感好,含果汁69%,品质极佳。早果性强,一般当年栽培,翌年即开花结果,单株结果15~30个,3年后进入盛果期,一般每667m^2产量2000~3000kg,效益可观。9月中下旬果实成熟,具有不裂果、耐贮运等特点。

(四) 大果黑籽甜石榴

大果黑籽甜石榴树势强健,耐寒抗旱,抗病,树冠大,半圆形,枝条粗壮,多年生枝灰褐色,枝条开张性强,叶大,宽披针形,叶柄短,基部红色,叶浓黑绿带红色,树冠紧凑。果实近圆球形,果皮鲜红,果面光洁而有光泽,外观极美观,平均单果重700g,最大单果重1530g,籽粒特大,百粒重68g,仁中软,可嚼碎咽下,籽粒黑玛瑙色,颜色极其漂亮吸引人,汁液多,味浓甜略带有红糖香浓甜味,出籽率85%,出汁率89%,籽粒可溶性固形物含量32%,含糖量26%,含酸量7%,品质特优。9月下旬成熟，耐贮藏，是极有发展潜力的石榴品种之一。

二、观赏和盆栽优良品种

石榴观赏和盆栽品种有半矮化和矮化两种类型。半矮化石榴品种适于庭院种植或作行道树；矮化种作盆植家养即可。其代表品种有醉美人、墨石榴、一串铃等。

（一）醉美人

醉美人树冠较大，树形半矮，树姿开张。叶较大，嫩梢、幼叶、萼筒、花瓣均为鲜红色；花冠硕大，直径20~70mm；花瓣数极多，有重萼（重台）花。临潼地区每年4月初萌芽，5—6月开花，花繁似锦，是公园、庭院、行道绿化的上乘树种。

（二）墨石榴

墨石榴属极矮生种，树冠极矮，树势较强。枝条细弱，紫褐色，茎刺细密。叶狭小，披针形，浓绿色；嫩梢、幼叶、花瓣鲜红色，花萼、果皮、籽粒紫红色。4月萌芽，5—10月不间断开花结果。果实小，圆球形，直径3~5cm。秋季充分成熟裂果后，紫红种子外露尤为美观，是家庭养花盆栽、盆景制作的理想树种。

（三）一串铃

为陕西临潼常见结实品种。其树势较弱，树冠较矮，开张。枝粗壮，叶大、绿色。嫩梢、新叶浅红色。萼、花朱红色。桶状花量多，易坐果，呈串珠状，果圆球形，平均单果重不足200g，故称"一串铃"。果皮底色黄白，阳面浅红至鲜红色。籽粒大，鲜红色，百粒重40g左右，味甜美，可溶性固形物15%~16%。核软渣少，故又称"软籽石榴"。因其枝干虬曲易造型,且花多易结果,故适于制作盆景。该品种5—6月开花,9月上中旬成熟。易裂果,不耐贮藏。

第二节 对环境条件的要求

一、温度

石榴适宜温暖气候条件。对高温反应不敏感。生长季要求≥10℃有效积温3 000℃以上,而冬季在-15℃以下时,则会出现冻害,故-15℃是石榴能否露地越冬的临界温度。

二、光照

石榴是喜光树种。在光照充足的条件下,正常花分化率高,果实色泽艳丽,籽粒品质好。光照不足时,生长结果较差,正常花分化率低,果实色泽淡,籽粒品质差。

三、水分

石榴抗旱耐涝,年降水量500mm以上地区均可栽培。现蕾至初花期,应保持适当的湿润,干旱会引起严重落花落蕾。盛花期阴雨影响授粉受精,但花期降水多也易造成枝叶徒长,加重落花落果;果实膨大期干旱缺水会抑制果实发育;但果实成熟期,要求气候干燥,土壤湿润;而果实采收期过多的雨水会引起裂果。

四、海拔

海拔高度即地势影响石榴的色泽和品质。高海拔果园果实色泽、籽粒品质明显优于低海拔地区。

五、土壤

石榴对土壤要求不严格,在 pH 值 4.5~8.2 的各类土壤上均可生长,其最适 pH 值 6.5~7.5。一般石榴以灰质壤土或质地疏松、透水性强的沙质壤土最好。石榴的耐盐能力很强,其耐盐力可达 0.4%,是落叶果树中最耐盐的树种之一。

第三节 花果管理

一、育苗

石榴可采用扦插、分株、压条、嫁接和组织培养等方法繁殖。目前生产上大量育苗以硬枝扦插繁殖苗木为主。苗圃地选择地势平坦,背风向阳,土层深厚,质地疏松,排水良好,蓄水保肥、中性或微酸性的沙质壤土为宜。并且挑选无危险性病害的土壤育苗。扦插前株施充分腐熟的有机肥 50~80kg,然后深翻、灌水。土壤解冻前做畦长 10m,宽 1m,浅耕耙平后待插。落叶后到萌芽前从生长健壮、优质丰产的优良品种母树上剪取茎基部粗 0.5~1.5cm 的 1~2 年生枝条,剪去茎刺,湿沙埋入土中贮藏。硬枝扦插在适宜条件下一年四季均可进行。但以春季硬枝扦插、秋季绿枝扦插易成活。硬枝扦插有短枝插和长枝插两种类型。短枝插枝长 12~15cm,有 2~3 节。要求下端剪成斜面,上端距芽眼 0.5~1.0cm 处剪平。短枝插条剪好后立即浸入清水中浸泡 12~24h。在事先做好的畦内按 30cm×10cm 扦插。长枝插在建园或庭院内少量繁殖采用。一般每穴插 80~100cm 长插条 2~3 根,入土深 40~50cm,要求插条与地面成 50°~60°。绿枝插在生长季利用半木质化绿枝插条繁殖。大量育苗时，插条长15~20cm；扦插建园插条长80~100cm。

二、建园

北方平原农区建园选择背风向阳、土层深厚、肥沃，地下水位低于1m、pH值6.5~7.5的地段建园；而丘陵山坡地坡度选择在5°~20°地段。品种选择早、中、晚熟品种合理搭配。要求同一园中选花期相同或相近品种。而小型石榴园选2~3个品种。栽植方式采用长方形。定植穴宽50~60cm，深80~100cm。北方春栽，南方秋栽。栽前苗木用清水浸泡12~14h，修平伤根，根部蘸泥浆，并按（5~8）：1比例配栽授粉树。栽后距地面5~10cm处截干平茬。

三、土肥水管理

建园前后土壤改良，掏沙取石，广种绿肥，进行全园深翻。对山岭薄地、较黏重土壤，深翻0.8~1.0m；而土层深厚的沙质土壤深翻0.5~0.6m，重施农家肥，果园覆盖，树盘培土，在栽后1~3年，用豆类或薯类作物间作。株间和树盘内保持土壤无杂草状态。秋季采果后到落叶前后结合深翻改土施入。幼树施土杂肥7.5~10kg/株，大树施50kg/株，或采用"斤果斤肥"，施肥后灌水。开花前5~10d施清粪水20~40kg/株+尿素0.1~0.3kg/株；6月下旬至7月上旬，施N、P、K三元复合肥0.4~0.8kg/株；果实转色前1个月左右，追施磷、钾为主肥料；施过磷酸钙1.5~2.5kg/株，硫酸钾复合肥1.5~2.5kg/株。采果后每隔10~15d喷0.5%的尿素+0.3%的磷酸二氢钾2~3次。水分管理除每次施肥后灌水外，重点灌好萌芽水、花前水、果实膨大水、着色水和封冻水。在雨季做好排水工作，采前15d不浇水。

四、整形修剪

石榴可选用三主枝开心形、单主干自然开心形、双主干V形、三主枝自然圆头形等树形。三主干开心形全树具有3个方位角120°的主枝，每个主枝与地面水平夹角45°。在每个主枝上配置3~4个侧枝，第1侧枝距地面60cm，第2侧枝距第1侧枝60cm，第3、4侧枝相距40cm。每个主枝上配置10~15个大、中型结果枝组。树冠高控制在3.5~4.0m。

石榴幼树整形期间，1年生枝轻短截；3~4年生幼树，延长枝一般剪留40~50cm，侧生枝剪留长度稍短于延长枝。同时疏除树冠内膛各级枝上过密、交叉的小枝，其他枝缓放不剪。盛果期石榴树，疏弱枝留强枝，同时缓放着生混合芽的健壮短枝。衰老期对衰弱的主、侧枝等进行较重回缩剪，一般缩剪主枝的1/3~1/2。剪口保留结果枝组不缩剪。若采用单主干自然开心形，其整形修剪过程为：定植后在距地面80cm处定干，抽生新梢后留3~4个枝条作主枝，其余枝条全部疏除。最下面的主枝距地面30cm以上，主枝与中干夹角45°~50°，过旺主枝及时摘心。第1年冬剪时，在主枝1/2~2/3处短截。并且强枝短留，弱枝长留。第2年春季萌芽后，在主枝上选留1~2个侧枝和部分辅养枝，第1侧枝距中心干40~50cm，并疏去过密枝。冬剪时，主枝延长枝和侧枝延长枝按第1年方法短截。第3年每个主枝再选留1~2个侧枝，此时树形骨架大致形成，树高3m左右。第4年冬剪时，短截中心干和各主侧枝延长枝，疏除徒长枝、过密枝、病虫枝，保留中等结果枝，注意更新复壮结果枝组和调整结果枝数量。夏季修剪主要采用疏除旺枝、密枝等措施改善树体通风透光条件。

五、花果管理

石榴花果管理包括提高坐果率、疏花疏果、果实套袋等几方面内容。提高坐果率应从四方面着手。一是建园时注意合理配置授粉树，并加强土肥水管理、病虫害防治和合理修剪；二是花芽分化前在树冠外围挖 40~50cm 深沟断根，或施多效唑，3~4 年生幼旺树在 5 月下旬至 6 月上旬每株施多效唑 1.0~1.5g，或 7 月喷 1 500~2 000 mg/L；三是花期疏除过多细小果枝，进行环状剥皮、放蜂、人工授粉，喷布 0.1%~0.2% 硼砂、0.05%赤霉素等。能辨出退化花蕾时，及时摘除退化花蕾；四是合理负载。6 月上中旬，第 1、第 2 茬花的幼果坐稳后进行疏果：坐果不多时部分枝留双果，坐果足够时留单果。疏除畸形果、病虫果，保留头花果，选留二花果，疏除三花果，不留或少留中长枝果，保留中短枝果。成年树按中短结果枝基部茎粗确定留果量，直径 1cm 的留 1~2 个果，2~3cm 留 2~3 个果。一般 3 年生树留果 15~30 个，4 年生留果 50~100 个，5 年生留果 100~150 个。果实发育期，用 1 份 40% 辛硫磷和 50 份黄土配成软泥堵萼筒，或在 6 月中旬套 18cm×17cm 的纸袋。套袋前喷 1 次杀虫剂与杀菌剂的混合液。采果前 20d 左右解除果袋。摘除盖在果面上叶片，采用拉枝、别枝、转果或在树盘土壤上铺设反光农膜等，以促进果实着色。

六、适时采收

石榴根据品种、籽粒颜色，适时采收。红色品种果皮底色由深绿变为浅黄色，而白石榴果皮由绿变黄时采收。具体应根据实际情况，分批采收，头花、二茬花果采收早，开花坐果晚的三茬花果成熟晚，应晚采。采收时要用采果剪，并注意果梗不要留太长。

第十三章 无花果

无花果原产地中海沿岸,是世界上最古老的果树之一。其营养丰富,风味独特,具有较高的药用价值,被誉为21世纪人类健康的"守护神"。除鲜食外,无花果还可制成各种加工品果干、果脯、蜜饯等。无花果叶片可制成果茶,还可提取食用香料和类黄酮物质。无花果树姿优雅,枝叶婆娑,其病虫害相对较少,既是无公害果品,也是天然观赏树木。

第一节 主要优良品种

一、布兰瑞克

原产于法国,是目前我国推广的优良品种之一。夏秋果兼用,以秋果为主。夏果7月中下旬成熟,果数少,多集中在基部1~5叶腋中,果呈长卵形,颈小,果梗短,果实大,平均单果重80g,最大果重达150g,果面淡黄色,光滑而纵浅条不明显,收果量为秋果的1/10,成熟果易出现细裂纹。秋果8月中旬至10月中旬陆续采收,延续到下霜为止。其果形不正,为稍偏一方长卵形果。单果平均重30~60g,最大可达100g。果皮黄褐,果肉红褐色,味甘,可溶性固形物18%,有芳香味,品质优良。果实基部与顶部成熟度不一致。作为鲜食品种有缺点,是制果干的主要品种,加工制果酱、制蜜饯、做罐头都可,制成的果脯品质优良。该品种长势中庸，树姿半开张，结果性、丰产性好，产量比较稳定，成熟期遇雨果顶易开裂、腐烂。耐盐碱、耐寒力强，黄河以南地区可露地越冬。

二、黄果一号

由大黄无花果优良单株中选出，夏秋果兼用种。夏果6月下旬成熟，果数中等，长卵形、颈小、果梗短、果实大，一般120g左右，最重达200g以上，果面黄色。秋果8月上旬至10月陆续采收，延续到下霜为止。果形稍偏，为方长卵形果。单果重50~80g，最大可达125g。果皮黄色，果肉红褐色，味甘甜，品质优良。果实基部和顶部成熟度不一致，可作生食和加工兼用，结果性和丰产性好，品质极优。

三、绿果一号

树冠自然圆头形，树势旺，树姿半开张。本品种为夏秋果兼用，以秋果为主。秋果倒圆锥形，部分果端面呈钝三棱形，果形指数1.06，果大纵横径5.4cm×5.1cm。平均秋果重70g左右，最大可达170g以上，色泽浅绿，无果顶，果柄粗，极长，果目大，开张，果面平滑，不开裂，近果处有裂纹，果目鳞片呈三角形，果点大，白色，中等密度，凸出果面，果肋明显，果实中空，果肉紫红色，可溶性固形物达17%。味甜，稍酸，酸甜适中，品质极上等。

四、麦司依陶芬

原产于美国加利福尼亚州。为夏秋兼用果。夏果长卵圆形，单果重80~100g。果皮绿紫色。秋果倒圆锥形，一般单果重60~90g，果成熟时紫褐色，皮薄而韧，果肉桃红色，肉质粗，可溶性固形物含量10%~15%。较甜,香味少,品质中等。树势中庸,枝条较易开张,枝量多,生长量大,丰产。不耐盐碱,耐寒力差,适宜长江以南冬季较温暖地区露地栽培或在北方保护地栽培。

五、波姬红

属普通无花果类型,1998年由山东省林业科学院从美国德克萨斯州引入我国。树势中庸、健壮,分枝力强,树姿半开张,新梢年生长量可达2.5m,枝粗2.3cm,平均节间长5.1cm。叶片中等大小,掌状深裂,裂片成条状,叶径27cm,裂深15cm,叶缘具明显不规则波状锯齿,成熟片叶具有波状叶距,叶色浓绿,叶脉掌状5出,叶柄长15cm,黄绿色,幼苗期叶片2~4裂,裂较浅、无叶距。果实为夏秋兼用型,秋果为主,始坐果部位2~3节,大型果,果色鲜艳,熟果长卵圆形,紫红色,有蜡质光泽,果肋明显,果形指数1.37,果径短0.4~0.6cm,果目鲜红色,中等开张。果肉浅红,中空,秋果单果重60~90g,最大单果重110g。味甜、汁多,可溶性固型物16%~20%,品质极佳。耐寒性较强,丰产性能好。山东省济宁市嘉祥果熟期7月下旬至10月中下旬。

六、金傲芬

属普通无花果类型。1998年由山东省林业科学院从美国加利福尼亚州引入我国。其树冠自然圆头形,树势旺,枝条粗壮直立分枝少,幼嫩枝黄绿色较脆。多年生枝条灰褐色,树干光滑。叶片较大,叶径36cm,多为掌状分裂,裂度较深(12~15cm),叶型指数0.94,叶缘具微波状锯齿,叶基多具叶距,叶色浓绿,叶脉掌状5基出,叶柄长14~15cm。夏秋果为主,始坐果部位 2~4 节，果实大卵圆形，果颈明显，果皮金黄色，有光泽，似涂层蜡质。果实纵横径 6.2cm×6.0cm，单果重 90g，最大单果重 160g。果目银白色，微开 0.5~0.6cm，果柄长 0.9~1.8cm，果肉淡黄色，致密无空隙，可溶性固型物 18% 以上，风味佳，品质极上。该品种丰产性能好、耐寒，扦插当年结果，2 年生产量 9kg/株以上，山东省济宁市嘉祥地区果熟期 7 月下旬至 10 月下旬，条件适宜可延长至 12 月。

七、日本紫果

日本紫果属普通无花果类型。为秋果专用品种。该品种树势强旺，分枝力强，1 年生枝条基部灰绿色，上部绿色，多年生枝条青灰色。3 年生树，新梢年生长量平均 1.5m 以上，枝粗 2.1cm，平均株抽枝 12 条，新梢平均节间 6.1cm。叶片大而厚，掌状深裂，裂深 18.5cm，叶形指数 0.97，叶柄长 10cm，叶脉显著，掌状 5 基出，叶基 2 个小裂叶。果实扁圆卵形，始坐果部位 3~6 节，成熟果深紫色，果皮具白色果粉，果颈不明显，果柄短，0.2cm 左右。果形指数 0.83，果目红色。果肉鲜艳红色，致密，汁多甘甜、味美，果、叶富含微量元素硒，较耐贮运，可溶性固型物 18%~23%，品质极佳。该品种丰产，较耐寒，果熟期 8 月下旬，为目前国内外备受欢迎的鲜食加工兼用优良品种。

第二节 环境要求

一、温度

无花果喜温不耐寒。以年平均温度 15℃，夏季平均最高温度 20℃，冬季平均最低温度 8℃较为适宜。冬季温度达 -12℃ 时新梢顶端就开始受冻,在 -22 ~ -20℃时根颈以上的整个地上部将受冻死亡。在年生长周期内,要求5℃以上生物学积温达4 800℃,对无花果生长最为有利。

二、光照

无花果为喜光果树。在良好光照条件下,树体健壮,花芽饱满,坐果率高,果枝寿命长,果实含糖量高。

三、水分

无花果抗旱不耐涝。在积水情况下,树体很快凋萎落叶,甚至死亡。但无花果在新梢及果实迅速生长期需要大量水分。

四、土壤

无花果对土壤适应范围较广,沙土、壤土、黏土、弱酸性或弱碱性土中均能生长,但以pH值7.2~7.6、土层深厚肥沃、排水良好的沙性壤土最适合其生长和结实。无花果对土壤盐分的忍耐力较强,无论是硫酸盐还是氯化物盐渍土,均可生长,能忍耐0.3%~0.5%土壤含盐量,是开发盐碱地的先锋树种之一。但无花果应避免在同一块地上2~3年内重复种植。同时避开地下水位高、土壤易积水地块上种植。

第三节 花果管理

一、育苗

无花果育苗方法主要有扦插繁殖、压条繁殖、分株繁殖和嫁接繁殖。目前,生产上普遍采用硬枝扦插育苗。要求提前贮藏好插条。当春季日均温达15℃以上时进行扦插。扦插密度为30cm×40cm。出苗后插条上仅保留一个新梢生长，培育成高1m左右，基部直径1.0~1.5cm的壮苗。

二、建园

鲜食无花果园应建在距大、中城市较近，交通运输方便的市郊。所选地应背风向阳，前茬地未种植过桑树和无花果的地段。品种选择果实大、果形整齐，含糖量高的品种。若主要作为加工原料，则应选择果实黄绿、大小适中、含糖量高且丰产性好的品种。而冬季越冬地区应首先选择抗寒性和抗旱性强的品种。盐碱地建园，应选择耐盐力较强的品种。生产上一般采用计划密植栽培以及常规复合栽培等种植制度。采用计划密植栽培制度，最初株行距（1~2）m×（2~3）m，以后逐年间伐，最后株行距为4m×6m，复合栽培制度下种植无花果，株行距为（3~4）m×（5~6）m。宽阔行间选择间作蔬菜、草本药材、花卉和瓜果等。一般盐渍地或适宜地区选择计划密植方式，而城郊地区和冬季需越冬保护地区则选择复合模式。北方一般春季栽植。在气候温暖南方，秋冬季亦可栽植。栽植时采用深坑浅栽方式。定植穴深50~70cm、直径60~70cm，施入人粪尿25~30kg，过磷酸钙2kg，并与土壤拌匀。幼苗栽植后培土压实，浇足水，并在树盘上覆草或地膜。

三、土肥水管理

山丘和黏土区的无花果园，应在初果幼龄期深翻2~3次，深度为40~50cm，隔行和隔株进行深翻；并根据土壤类型，中耕除草，深5~10cm，保持土壤疏松无杂草状态。盐地的无花果园，采用行间生草或间作物与覆草相结合的土壤管理制度；山丘地无花果园，采用覆草和种草相结合的土壤管理制度；平原地区的无花果园，在幼树和初果期，行间可间作豆科作物和蔬菜类作物；密植果园，应实行精细管理栽培。无花果一般落叶后 11 月中旬至 12 月上旬施基肥。每 667m^2 施充分腐熟有机肥 3 000~4 000kg，施肥方法，可在行间或株间，开出宽 30cm、深 30~50cm 的施肥沟施入。无花果在条件允许下，每年追肥 7~8 次，一般追肥 3~4 次。基肥施足时，第 1 次追肥在新梢旺长时的 5 月，以氮肥为主，每公顷施尿素 200~300kg。第 2~3 次追肥在果实成熟期的 8~10 月，以复合肥为主，每次施 N、P、K 三元复合肥 250~300kg。施肥方法同基肥。在正常降雨不能满足无花果正常生长发育情况下，及时补充水分。重点是越冬前、发芽期和果实生长发育期的 7~9 月。灌水的方法，除采用传统的沟灌、穴灌外，还可进行喷灌和滴灌。果实成熟期，多雨季节或低洼地带，要注意及时排除积水或做高垄。

四、整形修剪

无花果大面积栽培地区，应用广泛的树形是多主枝自然开心形。具体整形方法是定植后留 60cm 定干，培养 3~4 个强壮主枝。当新梢长到 40~50cm 时摘心，再在每个主枝上培养 2~3 个侧枝。第 2 年春对主枝延长枝中短截，促发健壮枝，如此 3 年树冠形成。纺锤形整形适宜在株行距较大时采用：整形方法是定干高度约 60cm。保持中心干生长，必要时设立支架。在中心干上培养约 10 个主枝，主枝不分层，螺旋排列。其开张角度 70°~90°。庭院栽培无花果可采用 X 形或一字形。X 形主干高 50cm，主枝 4 个。一字形主干高 50cm，主枝 2 个。两种树形均是将主枝压平呈 X 形或一字形，在主枝上培养结果新枝，结果枝间隔 20~50cm，每株结果枝培养 24~26 个。修剪时对树冠上强壮的 1~2 年生枝尽量少短截或不短截；过高过长枝组应及时回缩到较粗壮分枝处，细弱枝组也要注意回缩更新复壮。培养粗壮结果母枝。一般休眠期按照树形要求，自然开心形、纺锤形的主枝延长枝在饱满芽处剪留 30~50cm。当树冠达到结构高度时，主枝回缩到有分枝处。结果枝组过长时，也回缩到有分枝处，尽可能保留 50cm 以下粗壮短枝。疏除细弱枝、过密枝，留健壮枝结果。X 形和一字形的结果母枝在基部留 2~3 个短截。萌芽后抹除根蘖和剪锯口处的萌芽以及过密、过细弱的新梢，将新梢间距控制在 20~25cm。

五、果实发育期管理

无花果在幼果形成后，对同时萌发的副梢留一小叶后及早摘除，并简单疏去畸形、弱小、病虫危害果实。在果实青绿转全黄时（果从青绿转全黄时，重约 60g）进行套袋。在生长后期随着果实采收，逐步摘去下部老叶。保持通风透光。并每隔 7~10d 喷施 1 次叶面肥，喷施 0.3%~0.5%磷酸二氢钾、尿素。8~9 月果实成熟期喷 0.3%硝酸钙。当结果新梢长到一定长度或留果数达到要求时，摘心控制新梢生长。

六、适时采收

无花果每年从 6 月下旬至 11 月间均有果实先后成熟，应分期分批采收，一般每隔 2~3d 采收 1 次。果实顶部小孔渐渐开裂，果皮出现明显的网纹时采收风味最佳。选无风的晴天或阴天采收，摘果时要轻拿轻放，防止碰压损失，然后按果品标准分级，及时进行销售或入库。

第十四章 草 莓

草莓是多年生常绿草本果树。其浆果营养丰富,经济价值较高,具有一定的医疗保健价值。草莓浆果成熟较早,一般5~6月即可上市,对保证果品周年供应起一定作用。草莓除鲜食外,还可加工成草莓酱、草莓酒、草莓汁等各种加工品,经济价值较高。草莓适应性强,栽培管理容易,结果较早,较丰产。

第一节 主要优良品种

一、幸香

幸香是日本最新品种,是以丰香为母本,爱美为父本杂交选育而成。该品种植株生产势强,植株半直立,匍匐茎抽生能力强,果为圆锥形,果型正,无畸形果,果色鲜红色,果实硬度好,是目前日本品种中最好的一个。该品种在日本有取代"丰香"的趋势。

二、枥乙女

枥乙女是新引进日本中熟品种,亲本为久留米49号X枥峰,植株生长势强旺,叶色深绿,叶大而厚,大果型品种,果圆锥形,鲜红色,有光泽,果面平整,果肉淡红,果心红色,酸甜适口,品质优,果实较硬,抗病性较强。

三、章姬

章姬是日本特早熟品种,休眠期浅,生长势强,聚伞形花序,花序抽生量大,果为长圆锥形,口味甜香,品质特好,果质细腻,产量较高,苗期易感叶部病害,应注意防治,可作为近市场地区栽植。

四、港丰

港丰也称丰香变异,植株生长势健强,植株半开张,叶片椭圆形,较大,叶色浓绿,匍匐茎抽生能力特强,花序抽生量大,平于或高于叶面每667m²产量达3 000~3 500kg。

五、卡尔特一号(C)

卡尔特一号也称玛丽亚,西班牙中熟品种,植株长势强,叶片较厚,呈椭圆形,叶缘锯齿浅,颜色浓绿,抽生匍匐茎能力较弱,但成苗率较高,常规苗易感蛇眼病,果实为圆锥形,果面鲜红色,有光泽,肉质淡黄色,风味芳香酸甜,硬度好,耐运输。第一级序果均重35g左右,最大单果重70g。休眠期较深,5℃以下低温500~600h可打破休眠。

六、鬼怒甘

鬼怒甘是日本早熟品种,植株高,叶片大,生长势极度旺盛,几乎无生长衰弱期,繁殖力很强,花序低于叶面,果为圆锥形,种子红色微凹果面,果色浓红,有光泽,果肉细腻味甜,香味浓,品质佳,一级序果均重40g,最大单果重70g。硬度较好,休眠期浅,打破休眠需5℃以下低温70h左右,极耐寒和抗高温,适宜各种形式栽培。

七、哈尼

美国中早熟品种,植株生长势较强,中庸健壮,半开张,繁殖力强,抗蛇眼病。叶片中等偏大,椭圆形,叶较厚,深绿色,光滑。果实中等大小,圆锥形,整齐,果面深红色,有光泽,果肉全红,汁液多,风味酸甜有香味,果实硬度好,耐运输。较丰产,果个大,一级序果均重19g,最大果重38g。匍匐茎抽生能力中等。适应性非常强,抗病能力较强,但对黄萎病和红中柱根腐病的抗性较弱,适合露地栽培。

八、明晶

沈阳农业大学从草莓品种日出的实生苗中选出,1989年通过辽宁省农作物品种审定委员会的审定。该品种植株生长势强,株态较直立。叶片椭圆形,略呈匙状,较厚,颜色较深。花序低于叶面,果实大,第一级序果平均单果重27g。果实近圆形,果面红色,光泽很好。果肉红色,致密,髓心小,果汁多,风味酸甜爽口。果皮韧性强,果实硬度大,耐贮运。单株平均抽生花序1.8个,产量较高。适应性强,适宜栽培地区广泛,抗逆性强,特别是抗寒性较强,抗病。适合露地栽培。

九、全明星

全明星由美国农业部马里兰州农业试验站杂交育成。亲本为US4 419×MDUS3 184。植株生长势强,株态较直立。叶片较大,叶色深绿,叶面平展。果实圆锥形,果面鲜红色,有光泽,果个大,整齐美观,肉质细腻,风味酸甜,鲜实和加工兼用品种。果面和果肉的硬度都很大,耐贮运性极强。休眠较深,中晚熟,丰产性强。匍匐茎抽生能力中等。适应强,耐高温、高湿,抗黄萎病和红中柱根腐病,适合半促成栽培和露地栽培。

十、森嘎拉

系德国品种,树势中庸,叶片深绿色。果实中等大小,圆锥形,果面深红色,果肉红色,汁液多,风味甜酸,品质优良,果实较软,是优良加工品种。植株抽生花序能力强,每株有5~9个花序。植株抽生匍匐茎能力较弱。适应性较强,抗病力中等,适合半促成栽培和露地栽培,每667m^2产量可达1 500~2 000kg。

第二节 对环境条件的要求

一、温度

草莓对温度适应性强。春季当气温达5℃时,开始生长。此时抗寒能力降低,遇到-9℃的低温就会受冻害,-10℃时大多数植株死亡。草莓根系在10℃时生长较快,最适生长温度为18~20℃。秋季气温降到2~8℃时,根生长减弱。地上部生长发育最适温度为20~26℃。开花期低于0℃或高于40℃,都影响授粉、受精和种子的发育。花芽分化应在低于17℃条件下进行,当降到5℃以下时,花芽分化停止。

二、水分

草莓生长发育过程中需要充足的水分。但在不同生长发育期,对水分要求量不一致。早春开始生长期和开花期,要求水分不低于土壤最大持水量的70%,果实生长和成熟期需要水分最多,要求在土壤最大持水量的80%以上,果实采收后植株进入旺盛生长期，要求土壤含水量在70%左右，秋季9月、10月植株要求水分较少，土壤含水量要求60%。不仅土壤含水量对草莓植株生长发育有影响，空气相对湿度也有影响。空气相对湿度过高或过低均不利于草莓花药开裂和花粉萌发。一般以空气相对湿度达40%左右最适宜花药开裂和花粉萌发。随着空气相对湿度增加，花药开裂率直线下降，当空气相对湿度达80%时，花药开裂率和花粉萌发率均很低。

三、光照

草莓喜光，又比较耐阴，可在果树行间种植。草莓不同生育阶段对光照要求不同。在花芽形成期，要求每天10~12h的短日照和较低温度；花芽分化期需要长日照。在开花结果期和旺盛生长期，草莓需要每天12~15h的较长日照时间。

四、土壤

草莓适宜在疏松肥沃、地下水位较低（1m以下）、通气良好的中性或微酸性沙壤土上生长。沼泽地、盐碱地、黏土、沙土都不适于栽植草莓。一般黏土上生长草莓果实味酸、色暗、品质差，成熟期比沙土晚2~3d。

第三节 花果管理

一、育苗

草莓育苗有匍匐茎分株、新茎分株、播种、组织培养等方法，目前生产上主要以匍匐茎苗进行繁殖。匍匐茎分株繁殖草莓，生产上常有两种方式：一是利用结果后的植株作母株繁殖种苗。当生产田果实采收后,就地任其发生匍匐茎,形成匍匐茎苗,秋季选留较好的匍匐茎苗定植。该法产生的茎苗弱而不整齐,直接影响第 2 年产量,一般减产 30% 以上。二是以专用母株繁殖秧苗,就是母株不结果,专门用以繁殖苗木。此法可以培育壮苗,可在生产上大面积推广。具体技术包括以下方面。

(一) 繁殖田准备

繁殖田选择疏松,有机质含量 1% 以上的土壤,排灌方便的地块。定植前整地作畦,每 667m^2 施充分腐熟农家肥 4~5t,尿素 15kg,耕翻、耙平、清除杂草,做成平畦或高畦,畦宽 1m。

(二) 母株选择和定植

母株选择品种纯正、植株健壮、根系发育良好、无病虫害的植株。9 月上中旬定植。在每畦中部定植 1 行,株距 30~40cm。根据品种抽生匍匐茎的能力,抽生强的适当稀些,抽生弱的适当密些。栽植时植株根系自然舒展。培土程度为土覆平后既不埋心又不露根为宜。

(三) 繁殖田的管理

母株越冬后早春抽生花序,及时彻底摘除。匍匐茎抽生时期,加强土、肥、水管理。土壤保持湿润、疏松,每 667m^2 适当追 N、P、K 三元复合肥 10kg,施肥后及时灌水,松土除草。在 6 月匍匐茎大量发生时期,经常使匍匐茎合理分布,进行压土。干旱时选早晨或傍晚每周灌水 1 次。7—8 月匍匐茎旺盛生长期,在匍匐茎爬满畦面出现拥挤时,及时间苗、摘心。8 月底形成的茎苗可在 8 月上中旬各喷 1 次 2 000mg/kg 矮壮素。匍匐茎抽生差的品种喷洒植物赤霉素(GA$_3$)50mg/L。四季草莓品种在 6 月上中下旬和 7 月上旬各喷 1 次 50mg/kg 的 GA$_3$,每株喷 5mL,结合摘除花序,效果明显。

(四) 茎苗假植及管理

茎苗假植时间在 8 月下旬至 9 月上旬。假植地块要求排灌水方便，土壤疏松肥沃。在整地作畦时撒施足量的腐熟有机肥及适量的复合肥。在假植苗起出前 1d 对母株田浇水。茎苗起出后，立即将根系浸泡在 70% 甲基托布津可湿性粉剂 300 倍液或 50% 多菌灵液 500 倍液中 1h。假植株行距（12~15）cm×（15~18）cm。假植时根系垂直向下，不弯曲，不埋心，假植后浇水。晴天中午遮阴，晚上揭开。1 周内早晚浇水，成活后追 1 次肥，9 月中旬追施第 2 次肥，追施 N、P、K 三元复合肥 12~15g/m^2。经常去除老叶、病叶和匍匐茎，保留 4~5 片叶。假植 1 个月后，控水促进花芽分化。

二、建园

草莓园地选择地势较高、地面平坦、土质疏松、土壤肥沃、酸碱适宜、排灌方便、通风良好的地点。坡地坡度不超过 2°~4°，坡向以南坡和东南坡为好。前茬作物为番茄、马铃薯、茄子、黄瓜、西瓜、棉花等地块，严格进行土壤消毒。大面积发展草莓还应考虑到交通、消费、贮藏和加工等方面的条件。栽植草莓前彻底清除园地杂草，有条件地方采用除草剂或耕翻土壤，彻底消灭杂草。连作草莓或土壤中有线虫、蛴螬等地下害虫的地块，栽植前进行土壤消毒或喷农药，消灭害虫。连作或周年结果的四季草莓，一般每 667m^2 施用腐熟的优质农家肥 5 000kg + 过磷酸钙 50kg + 氯化钾 50kg，或加 N、P、K 三元复合肥 50kg。土壤缺素的园块，可补充相应的微肥或直接施用多元复合肥。全园均匀地撒施肥料后，彻底耕翻土壤，使土肥混匀。耕翻深度 30cm 左右，耕翻土壤整平、耙细、沉实。土壤整平、沉实后，按定植要求做畦打垄。北方常采用平畦栽培，畦宽 1.0~1.2m，长 10~15m，畦埂宽 20~30cm，埂高 10~15cm。采用高畦栽培根据当地情况。一般畦宽 1.2~1.5m，高 15~20cm，畦间距 25~30cm。在北方地区有灌溉条件的可起垄栽培，垄宽 50cm，高 15~20cm，垄距 120cm（大果四季草莓垄可再宽些）。该形式更适合地膜覆盖，还可减少果实污染和病虫害的发生。栽植前大小苗分开，分别栽植管理。栽苗时应注意栽植方向，一季草莓要求每株草莓伸出的花序均在同一方向，栽苗时应将新茎的弓背朝预定的同一方向栽植。垄栽时让花序向外，即苗的弓背向外。平畦栽时新茎弓背向里。四季草莓赛娃、美得莱特的新茎，栽植时不考虑方向问题。

栽植深度是苗心的茎部与地面平齐，即"深不埋心，浅不露根"的原则。栽后要立即灌透水。在干旱情况下，栽后 1 周内每天浇小水 1 次，1 周后每 2~3d 浇 1 次水，不大水漫灌，畦面不积水。灌水后还应及时检查，露根或淤心苗及时进行调整。缓苗后检查补苗。

栽植贮藏苗时，宜先将苗箱放置阴凉处 2~3h，然后将苗取出，将苗立于水槽内 2~3h。为了提高苗子的成活率，栽植前后还要注意：一是要选择壮苗。二是起苗前圃地浇透水，摘除老叶，起苗时尽量少伤根系，起出的苗要放在阴凉处。外地引种，注意降温保湿。三是有条件时带土栽植或随移随栽。四是定植前去除老叶，只留 3 片未展开新叶。五是选择阴天或傍晚栽植。六是及时浇水。七是药剂处理，定植前用 5mg/kg 萘乙酸浸灌根系或用 ABT 生根粉处理以提高成活率。

三、土肥水管理

草莓栽植成活后和早春撤除防寒物及清扫后，及时覆膜；

而不覆膜栽植草莓，要多次进行浅中耕3~4cm，以不损伤根系为宜。但在草莓开花结果期不中耕。采果后，中耕结合追肥、培土进行，中耕深8cm。而四季草莓则少耕或免耕，最好采取覆膜的办法。草莓园田间可采用人工除草、覆膜压草、轮作换茬等综合措施进行。为减少用工，以除草剂除草为主。草莓移栽前1周，将土壤耙平后，每667m^2用48%氟乐灵乳油100~125mL+水35kg，均匀喷雾于土表，随机用机械或钉耙耙土，耙土要均匀，深1~3cm，使药液与土壤充分混合。一般喷药到耙土时间不超过6h。氟乐灵特别适合地膜覆盖栽培，一般用药1次基本能控制整个生长期的杂草。或者用50%草萘胺（大惠利）可湿性粉剂100~200g+水30kg左右，均匀喷雾于土表，对草莓安全有效。也可将已出土杂草铲除干净后，用40%西玛津胶悬剂200~500mL+水40kg左右，均匀喷于表土，可收到良好效果。但使用任何除草剂时，土壤不要太干燥，一般掌握在田间最大持水量的50%~60%，才能起到应有效果。草莓苗期人工除草后，在马齿苋、看麦娘、狗尾草、稗草等杂草3~5叶期，每667m^2用35%精稳杀得乳油40~70mL+水40kg喷雾；或每667m^2用10%禾草克乳油40~125mL+水35kg左右均匀喷雾于杂草的茎叶。草莓一般土壤追肥3次：第1次在萌芽前一般每667m^2施复合肥10~15kg，或用尿素7~10kg；第2次在开花前施入。以磷钾肥为主，兼施适量的尿素，或每667m^2加N、P、K复合肥8~10kg；第3次在采果后施入尿素10~15kg，以补充土壤营养的不足，保证植株健壮生长，促进花芽分化，提高植株越冬能力。四季草莓一年四季连续开花结果，一般每年追5~8次N、P、K复合肥。生长季节，结合防治病虫可多次叶面喷肥，喷施0.2%~0.3%磷酸二氢钾。四季草莓叶面追肥更好。草莓对水分的要求较高，栽植后灌好缓苗水以缩短缓苗期，每次追肥后及时灌水。从开花期到浆果成熟期间，干旱年份生长季应视土壤的干旱情况增加浇水次数，始终保持土壤田间持水量的70%左右。在有条件的地方，应采用滴灌。多雨年份，雨季应注意排水防涝。

四、植株管理

草莓必须及早摘除匍匐茎。摘除匍匐茎比不摘除增产40%。草莓一般只保留1~4级花序上的果，其余及早疏除，每株留10~15个果。为提高果实品质，在花后2~3周内，在草莓株丛间铺草，垫在花序下面，或者用切成15cm左右的草秸围成草圈垫在果实下面。适时摘除水平着生并已变黄的叶片，以改善通风透光条件，减轻病虫发生。

五、综合防治病虫害

草莓病虫害主要有灰霉病、炭疽病、病毒病、根腐病、芽枯病、叶枯病、蛇眼病；蚜虫、叶螨、蛴螬、叶甲、斜纹夜蛾等。其防治技术是采用以农业防治为主的综合防治措施，即选用抗病品种，培育健壮秧苗。具体措施：一是利用花药组培等技术培育无病毒母株，同时2~3年换1次种；二是从无病地引苗，并在无病地育苗；三是按照各种类型的秧苗标准，落实好培育措施，并注意苗期病虫害防治。加强草莓栽培管理，可有效抑制病虫害的发生，具体措施有：施足优质基肥，促进草莓健壮生育；采用高畦栽植，改善通风透光条件；掌握合理密植，降低草莓株间湿度；进行地膜覆盖，避免果实接触土壤；防止高温多湿，创造良好生长环境；使植株保持健壮，提高植株抗病能力；搞好园地卫生，消灭病菌侵染来源。日光照射土壤消毒，对防治草莓萎黄病、芽枯病及线虫等，具有较好效果。重视轮作换茬，一般种植草莓两年以后要与禾本科作物轮作。合理使用农药：重点在开花前防治，每隔 7~10d 用药 1 次，连续 3~4 次，直到开花期。要合理选用高效、低毒、低残留药剂适时防治。

在病虫害发生初期彻底防治以红蜘蛛和白粉病、灰霉病为主的病虫害；果实采收开始后尽量减少施用农药；春季温度回升后，注意红蜘蛛、花蓟马等害虫的危害，及时喷药防治。

六、果实采收

多数草莓品种开花后 1 个月左右分批不间断采收。果实成熟时，其底色由绿变白，果面 2/3 变红或全面变红，果实开始变软并散发出诱人香气。当地销售在九至十成熟时采收，外地销售达到八成熟时采收。具体采收在早晨露水干后至大热之前进行，注意轻摘、轻拿、轻放，严防机械损伤。

七、采收后管理

草莓果实采收后继续进行植株调整。要及时挖除多余的新茎分枝，保持适当密度，留下秧苗将老叶去除，仅保留 2~3 片新叶。随新茎发生部位不断上移，根状茎也相应抬升，须根暴露在外。在初秋新根大量发生之前对草莓植株及时培土。并且培土与中耕除草和施肥相结合，以施用有机肥为主，施肥量同基肥。培土厚度以露出苗心（生长点）为度。同时，为保证留下母株健壮生长，匍匐茎要摘除 2~3 次，以保证母株健壮生长。

第十五章 果树病虫害

第一节 果树病害

一、苹果腐烂病

腐烂病,俗称烂皮病、臭皮病,是我国北方苹果树重要病害。主要危害结果树,造成树势衰弱、枝干枯死、死树,甚至毁园。华北、东北、西北地区发生普遍。

症状有溃疡、枝枯和表面溃疡3种类型。

(一) 溃疡型

在早春树干、枝树皮上出现红褐色、水渍状、微隆起、圆至长圆形病斑。质地松软,易撕裂,手压凹陷,流出黄褐色汁液,有酒糟味。后干缩,边缘有裂缝,病皮长出小黑点。潮湿时,小黑点喷出金黄色的卷须状物。

(二) 枝枯型

在春季2~5年生枝上出现病斑,边缘不清晰,不隆起,不呈水渍状,后失水干枯,密生小黑粒点。

(三) 表面溃疡型

在夏秋落皮层上出现稍带红褐色、稍湿润的小溃疡斑,边缘不整齐,一般2~3cm深,后干缩呈饼状。晚秋以后形成溃疡斑。

二、苹果锈果病

苹果锈果病又称花脸病,是国内检疫对象。在东北、西北、华北产区都有发生,以西北最为突出,陕西、晋中有些果园病株率高达60%~80%之多,辽宁以北部地区发生严重。

锈果病主要表现在果实上,随不同苹果种类和品种及环境条件症状有明显的差异。

1. 锈果型

晚熟品种如国光、鸡冠、青香蕉、印度等品种发生。果实上有5条与心室相对应的红褐色木栓化锈斑,由果顶沿果面向果柄呈放射状发展。病重时锈斑龟裂,甚至果皮开裂,果小畸形。

2. 花脸型

多发生在海棠、沙果、槟子及西洋苹果中的早熟品种如红魁、祝光、金红等。病果着色前症状不明显,着色后表现着色不匀,形成红绿相间的斑块,如花脸状,有时果面凹凸不平。

3. 锈果花脸复合型

某些中熟或中晚熟品种如红玉、元帅、倭锦等常出现以上两种症状类型的复合症状。着色前果顶或果面散生锈斑,着色后除锈斑外的部位着色不匀呈黄绿斑块。

以上3种症状,以前两种为主。虽然上述各类症状在某些品种上有一定的稳定性,但有时也会出现同一品种在不同条件下甚至同一株上有几种类型。

锈果病除危害果实外,苗木和枝条也可受害,表现苗木矮小、叶片反卷、枝干发生锈斑或溃疡斑等症状。

三、梨黑星病

梨黑星病又叫疮痂病,是南北梨区发生普遍、流行性强、损失大的一种重要病害。从落花期一直危害到果实成熟期。

梨黑星病可侵染梨树所有绿色幼嫩组织,如花序、叶片、叶柄、新梢、芽鳞及果实等,其中,以叶片、果实为主。

最典型的症状是在病部产生明显的黑色霉层,故又有黑霉病之称。叶片受害多发生在叶背,长出黑色霉斑,叶正面为多角形或圆形褪绿黄斑;严重时,叶正反面都长满黑色霉层,致使叶片干枯而脱落。叶柄受害,产生圆形或长条状霉斑造成落叶。嫩梢发病,除形成条状霉斑外,后期皮层龟裂呈粗皮状的疮痂。果实受害,初期为淡黄色斑点,逐渐扩大长出黑霉,以后病部凹陷木栓化,停止生长呈畸形易脱落。

四、葡萄霜霉病

葡萄霜霉病在我国各地均有发生,在辽宁、山东沿海地区及华北、西北等春、夏、秋冷凉多雨地区发病较重。

此病主要危害叶片,也危害新梢、叶柄、花、幼果、果梗及卷须等幼嫩部分。叶片受害初呈半透明水浸状小斑,以后扩展成黄色至褐色多角形大斑,边缘不清晰;天气潮湿时,病斑背面产生灰白色霜霉层;发病后期病斑干枯,叶片早落。新梢、叶柄、果梗、卷须等受害初期呈水浸状,后变为褐色凹陷病斑;潮湿时有白色霉层产生;病重时新梢扭曲,甚至枯死。幼果被害呈深褐色变硬下陷,生有霉层皱缩脱落。

五、苹果轮纹病

苹果轮纹病又称粗皮病,是一种真菌侵染性病害。

苹果树的枝干，在1~2年生枝的皮孔上形成凸起的小瘤状物，在3~5年生枝上有典型瘤状物，直径在0.3~3cm不等，会以病瘤为中心形成近圆形至不正形的褐色病斑。患病部位与健康部位之间有较深的裂开，后期病组织干枯并翘起，在突起中央的周围出现散生的黑色小粒点（分生孢子器）。呈粗皮状，故也有称之为粗皮病。越冬枝干瘤皮病斑中的病菌分生孢子器，具有不断产生孢子的能力，这就是侵染果实的病菌来源。

六、梨白粉病

梨白粉病分布较为普遍，近几年有发展的趋势。除危害梨树外，还危害桑、板栗、核桃等树木。

此病多危害老叶，发生在叶背面。初期病斑为白色霉状小点，逐渐扩展为近圆形白色粉斑。每片叶上霉斑数目不等，数斑相连形成不规则形粉斑，甚至扩及全叶，上覆白色粉状物（分生孢子）。后期在白色粉状物上，长出很多初为黄色逐渐变为黑色的小点（闭囊壳），严重时造成早期落叶。

七、桃炭疽病

叶斑多始自叶尖或叶缘，半圆形或不定形，红褐色，边缘色较深，病健部分界明晰。果斑近圆形，稍下陷，初淡褐后转黑褐，病斑扩大并联合成斑块，常渗出胶液，终至软腐脱落。潮湿时患部表面出现朱红色小点病症（分孢盘及分生孢子）。

八、葡萄白腐病

果梗和穗轴上发病处先产生淡褐色水浸状近圆形病斑，病部腐烂变褐色，很快蔓延至果粒，果粒变褐软烂；后期病粒及穗轴病部表面产生灰白色小颗粒状分生孢子器，湿度大时由分生孢子器内溢出灰白色分生孢子团,病果易脱落,病果干缩时呈褐色或灰白色僵果。

枝蔓上发病,初期显水浸状淡褐色病斑,形状不定,病斑多纵向扩展成褐色凹陷的大斑,表皮生灰白色分生孢子器,呈颗粒状;后期病部表皮纵裂与木质部分离,表皮脱落,维管束呈褐色乱麻状,当病斑扩及枝蔓表皮一圈时,其上部枝蔓枯死。

叶片发病多发生在叶缘部,初生褐色水浸状不规则病斑,逐渐扩大略成圆形,有褐色轮纹。

九、桃细菌性穿孔病

全国各地,特别是在沿海、沿湖地区和排水不良的果园以及多雨年份,常严重发生。如果防治不及时,易造成大量落叶,减少营养的积累,影响花芽的形成。不仅削弱树势,当年减产,而且会影响第二年的结果,造成产量歉收。

叶片上出现水渍状、淡黄色小斑,后扩展成红色圆斑,继而变成褐色,边缘较中心色深,边缘周围有半透明的淡黄色晕圈,边缘容易产生离层,形成圆形穿孔斑,几个病斑连在一起,穿孔形状呈不规则形;严重时一张叶片有几十个病斑,病叶提早脱落。

果实受害后,产生油渍状褐色小点,以后病斑扩大,颜色加深,最后凹陷龟裂,以致腐烂。枝条初起出现水渍状,带紫褐色斑点,后来也凹陷龟裂。潮湿时,病斑上出现白色脓液。干枯时往往发生裂纹。

枝条受害后,有两种不同的病斑,一种称春季溃疡,另一种则称为夏季溃疡。

(一)春季溃疡

发生在上一年夏季生出的枝条上(病菌于前一年已侵入)。

春季在第一批新叶出现时,枝条上形成暗褐色小疱疹,直径约2mm,以后扩展长达1~10cm,宽度多不超过枝条直径的一半,有时可造成枝枯现象。春末(开花前后)病斑表皮破裂,病菌渗出,开始传播。

(二)夏季溃疡

多于夏末发生,在当年的嫩枝上以皮孔为中心,形成水渍状暗紫色斑点;以后病斑变褐色至黑褐色,圆形或椭圆形,稍凹陷,边缘呈水渍状。夏季溃疡的病斑不易扩展,并且会很快干枯,故传播作用不大。

十、果树小叶病

苹果小叶病发生后,表现为病枝春季发芽较晚,抽叶后生长停滞,质厚而脆,叶色浓淡不均且呈黄绿色,病枝节间短,叶缘向上卷,叶片细小且呈簇状。

苹果小叶病是由于树体锌元素含量不足引起的生理病害,因此,多采用补锌的方法来防治。但是苹果小叶病不仅仅是由于锌元素含量不足引起的,不合理的修剪措施,如去枝不当、重环剥等也能引起小叶病。

十一、果树缺铁黄叶病

苹果黄叶病又名黄化病或缺铁失绿病,是由于缺少铁素引起的生理病害。在pH值高的果园普遍发生。

从新梢的幼嫩叶片开始,叶肉先变黄,叶脉保持绿色,呈绿色网纹状;后期全叶变成黄白色,叶焦枯;最后全叶枯死、早落。

十二、果树缺硼缩果病

苹果缩果病，我国各苹果产区均有发生，尤以山地和沙质偏碱果园发病较多。近年来，部分果园偏施氮肥，营养失调，缩果病呈上升危害趋势。

苹果缩果病主要表现在果实上，严重危害时，枝叶上也有症状表现。病果从落花到采收期均可发生，依品种和发病早晚常表现为三种类型的症状。

（一）干斑型

主要表现在幼果期。发病初期幼果背阴面出现近圆形水浸状斑，褐色，皮下果肉组织也变褐枯死。病部干缩凹陷，果实小而畸形，果肉质地坚硬。重病果常提前脱落。

（二）木栓型

落花后20d至采收前均有发生，生长后期较多。果肉发生水渍状病变，很快变为褐色，海绵状，并从萼筒基部沿果线扩展，使细胞木栓化。多呈条状分布在果肉任何部位，果面略有凹凸不平。幼果期发病，果小而畸形，易脱落。

1. 锈斑型

常发生在元帅等感病品种上，果实扁圆形或长筒形，沿果柄周围果面变褐，形成细密横形条斑，锈斑干裂。

2. 簇叶型

枝叶发病在初夏，当年生新梢上常发生由上往下的枝枯型。有时在春季发芽时，叶芽不能萌发或发出纤细枝条，丛生呈帚枝型。有时也可导致新梢节间缩短，叶丛生，窄小质脆。

十三、果树缺素症

苹果缺钙症（苦痘病、痘斑病），叶尖或叶缘变黄、焦枯坏死，植株早衰，嫩叶先沿中脉及叶尖产生红棕色坏死区，逐渐扩大；缺钙严重时，枝条尖端以及嫩叶似火烧状斑坏死，并迅速向下发展，致使许多小枝完全死亡。

缺钙果实在成熟期和贮运期间症状明显。发病程度与品种有关，以国光、新红星为重。病果胴部、下部出现圆形、稍凹陷的变色斑。绿色或黄色果面以皮孔为中心呈深绿色，红色果面以皮孔为中心呈暗红色，周围有紫红或黄绿色晕；果皮下面的组织坏死，变褐色，呈海绵状，深 3~5mm，一个病果可能出现几个至数十个痘斑，病组织味微苦。

第二节　果树虫害

一、危害叶的虫害

（一）天幕毛虫

别名：天幕枯叶蛾、带枯叶蛾、梅毛虫。

1. 危害特点

主要危害苹果、梨、桃、李、杏、梅、樱桃、海棠、沙果等。刚孵化幼虫群集于一小枝杈，吐丝结成网幕，食害嫩芽、叶片。每龄幼虫蜕皮后，下移至粗枝杈上结网巢，白天群栖巢内，夜出取食，4 龄后期分散危害，严重时全树叶片吃光。

2. 形态特征

（1）成虫：雌体长 18~22mm，翅展 37~43mm，黄褐色。

（2）卵：圆筒形，灰白色，200～300粒环结于小枝上粘结成一圈呈"顶针"状。

（3）幼虫：体长50～55mm，头蓝色，体上有多条黄、蓝、白、黑相间的条纹。

（4）蛹：椭圆形，长17～20mm，蛹体有淡褐色短毛。

（5）茧：黄白色，表面附有灰黄粉。

（二）苹小卷叶蛾

别名：苹卷蛾、棉卷蛾、远东褐带卷蛾。

1. 危害特点

主要危害苹果、梨、山楂、桃、李、杏、柑橘等。

幼龄食害嫩叶、新芽，长大后卷叶，或贴叶片于果面，食叶肉呈纱网状和孔洞，并啃食贴叶果的果皮，呈不规则形凹疤，多雨时常腐烂脱落。

2. 形态特征

（1）成虫：体长6～8mm，翅展15～20mm，黄褐色。

（2）卵：扁平椭圆形，径长约0.7mm，淡黄色半透明，孵化前黑褐色，数10粒成块作鱼鳞状排列。

（3）幼虫：体长13～18mm，细长翠绿色。

（4）蛹：9～11mm，较细长，初绿色后变黄褐色。

（三）梨二叉蚜

1. 危害特点

成、若蚜集于芽、叶、嫩梢和茎上吸食汁液。梨叶受害严重时由两侧向正面纵卷成筒状，早期脱落。

2. 形态特征

（1）成虫：无翅胎生蚜体长约2mm，绿色或黄褐色，被有白色蜡粉。有翅胎生蚜体较小，灰绿色。

(2) 卵：椭圆形，长约 0.7mm，黑色有光泽。

(3) 若蚜：无翅，绿色，体较小，形态与无翅胎生雌蚜相似。

（四）黄刺蛾

1. 危害特点

分布广泛，食性杂，可危害多种果树。以夏秋季节为主，幼虫食害叶片。

2. 形态特征

(1) 成虫：体长 13~16mm，体橙黄色；前翅黄褐色，后翅灰黄色。

(2) 卵：扁平、椭圆形，淡黄色。

(3) 幼虫：老熟幼虫体长 19~25mm，体粗大；各节背线两侧有 1 对枝刺，枝刺上长有黑色刺毛。

(4) 蛹：椭圆形，黄褐色，体长 12mm。

(5) 茧：椭圆形，质坚硬，黑褐色，有灰白色不规则纵条纹，极似雀卵。

（五）山楂叶螨

别名：红蜘蛛、大蜘蛛、大龙、砂龙等。

1. 危害特点

分布广泛，食性杂，可危害 100 多种植物，果树上红蜘蛛种类较多。其寄生广泛，主要有山楂红蜘蛛、苹果红蜘蛛。

危害叶片为主，被害叶正面有失绿的黄斑，严重时变黄脱落。叶片背面可以看见许多小红点，即为成螨，严重时可见许多吐出的丝。

2. 形态特征

(1) 成螨：雌成螨深红色，体长 0.5mm；雄成螨橙黄色，体长 0.4mm。

(2) 卵：越冬卵红色，非越冬卵淡黄色。

(3) 越冬代幼螨红色，非越冬代幼螨黄色。

(六) 金纹细蛾

1. 危害特点

危害苹果为主，其次为梨、桃、樱桃、海棠、李、沙果及山定子等果树。

幼虫潜食叶肉，形成明显虫斑。发生严重的果园，叶片上虫斑可达 15~20 个，致使叶面失去光合作用能力，造成早期落叶，严重影响树势。

2. 形态特征

(1) 成虫：体长 2~3mm，翅展约 6mm；全身金黄色，上有银白色细纹。

(2) 卵：扁椭圆形，长径 0.3mm，乳白色，半透明，具光泽。

(3) 幼虫：幼龄幼虫淡黄绿色，末龄幼虫体长 4~6mm，细纺锤形。

(4) 蛹：长 3~4mm，黄绿色。

二、危害果的虫害

(一) 桃小食心虫

别名：苹果食心虫、桃蛀果蛾、桃蛀虫、豆沙馅、猴头果等。

1. 危害特点

危害多种果树，苹果、梨、枣较严重。

桃小食心虫只危害果实。被害果果面有针头大小的蛀（入）

果孔，由孔流出泪珠状汁液，干涸后呈白色蜡状物。幼虫取食果肉形成弯曲纵横的虫道，虫粪留在果内呈"豆沙馅"状。幼果被害后，生长发育不良，形成凹凸不平的"猴头果"；后期受害的果实，果形变化不大。被害果大多有圆形幼虫脱果孔，孔口常有少量虫粪，由丝粘连。

2. 形态特征

（1）成虫：体长7mm左右，灰褐色。

（2）卵：椭圆形，初产时为橙红色，渐变为深红色。

（3）幼虫：初孵幼虫黄白色；老熟幼虫体背桃红色，体长约13mm。

（4）茧：分两种类型。一种为冬茧，即幼虫越冬时做的茧，冬茧圆形，稍扁，茧丝紧密；另一种为夏茧，即幼虫化蛹时做的茧，夏茧长纺锤形，茧丝松散。两种茧外都附着土粒。

（5）蛹：长约7mm，淡黄色至黄褐色，体表光滑无刺。

（二）梨小食心虫

别名：梨小蛀果蛾、桃折梢虫、小食心虫等。

1. 危害特点

危害梨、桃、苹果、李、樱桃、山楂。

春夏季节危害桃、李嫩梢，多从上部叶柄基部蛀入髓部，向下蛀至木质化处便转移，被害嫩梢渐枯萎，俗称"折梢"。夏秋季节危害梨树，幼虫危害果多从萼、梗洼处蛀入，早期被害果蛀孔外有虫粪排出，晚期被害多无虫粪。幼虫蛀入直达果心，高湿情况下蛀孔周围常变黑腐烂渐扩大，俗称"黑膏药"。苹果蛀孔周围不变黑。

2. 形态特征

（1）成虫：体长5~7mm，全体灰褐色无光泽。

(2) 幼虫：体长 10~13mm，头、前胸盾、臀板均为黄褐色，胸、腹部淡红色或粉色。

(3) 卵：长 0.5mm，椭圆形，稍扁，黄白色，孵化前变黑褐色。

(三) 桃蛀螟

别名：桃斑螟、桃蛀心虫等。

1. 危害特点

危害桃、柿、核桃、板栗、无花果等。

幼虫主要蛀食果实，蛀道直达果心，果实表面的蛀果孔常被病菌侵入，腐烂变黑。

2. 形态特征

(1) 成虫：体长 12mm，翅展 22~25mm，黄至橙黄色。

(2) 卵：椭圆形，长 0.6mm、宽 0.4mm，初乳白渐变橘黄、红褐色。

(3) 幼虫：体长 22mm，体色多变，有淡褐、浅灰、浅灰蓝、暗红等色。

(4) 蛹：长 13mm，初淡黄绿后变褐色。

(5) 茧：长椭圆形，灰白色。

(四) 李实蜂

1. 危害特点

李实蜂危害李树是在幼果长到黄豆粒大小时，幼虫蛀入果核内部危害，果内被蛀空，堆积虫粪，幼虫老熟后落地休眠。

2. 形态特征

(1) 成虫：体黑色，长 5mm，李树花期成虫羽化，在晴天上午常集结在树冠上方飞翔。

(2) 卵：乳白色。

(3) 幼虫：长 10mm，头部淡褐色，胸腹部乳白色。

(4) 蛹：乳白色，裸蛹。

三、危害枝干的虫害

(一) 桃红颈天牛

1. 危害特点

以幼虫蛀入树干进行危害，老熟幼虫蛀入木质部，虫道弯曲，多由上向下蛀食，木屑和虫粪堆积于树干基部。造成枝干萎蔫枯死、严重时全树死亡。

2. 形态特征

(1) 成虫：体长约 28～37mm，体黑色发亮，前胸背面大部分为光亮的棕红色或完全黑色。

(2) 卵：卵圆形，乳白色，长 6～7mm。

(3) 幼虫：老熟幼虫体长 42～52mm，乳白色，前胸较宽广；身体前半部各节略呈扁长方形，后半部稍呈圆筒形。

(4) 蛹：体长 35mm 左右，初为乳白色，后渐变为黄褐色，前胸两侧各有一刺突。

(二) 苹果小吉丁虫

1. 危害特点

危害苹果、沙果、海棠、花红。

危害皮层，隧道内为褐色虫粪堵塞，皮层枯死、变黑、凹陷。

2. 形态特征

(1) 成虫：体长 5.5～10mm，全体紫铜色，有光泽，体似楔状。

(2) 幼虫：体长 15～22mm，体扁平；头部和尾部为褐色，胸腹部乳白色;头大,大部入前胸。

(3) 卵:长约 1mm,椭圆形,初产时乳白色,后逐渐变成黄褐色。卵产在枝条向阳面、粗糙有裂纹处。

(三) 透翅蛾

别名:苹果小翅蛾、小透羽。

1. 危害特点

危害苹果、桃、梨、李、杏等果树。

幼虫在树干枝杈等处蛀入皮层下,食害韧皮部,造成不规则的虫道,深达木质部,被害部常有似烟油状的红褐色的粪屑及树脂黏液流出,被害伤口容易遭受苹果腐烂病菌侵袭,引起溃烂。

2. 形态特征

(1) 成虫:体长 10~18mm,全体黑色并有蓝色光泽,外形极似蜂类。

(2) 幼虫:体长 20~25mm,头黄褐色,胸腹部乳白色中线淡红色。

(3) 卵:长 0.5mm,扁椭圆形,黄白色,产在树干粗皮缝及伤疤处。

(四) 杏球坚蚧

别名:朝鲜球坚蚧、桃球坚蚧、杏虱子。

1. 危害特点

危害杏、李、桃、梅等核果类果树。

终生吸取寄主汁液,受害后,寄主生长不良,虫口密度大时,使受害严重的寄主致死。

2. 形态特征

(1) 雌成虫:体近乎球形,初期介壳质软、黄褐色,后期硬化为黑褐色，表面皱纹不明显。

（2）卵：椭圆形，长约 0.3mm，粉红色，半透明，附着一层白色蜡粉。

（3）若虫：初孵时，体椭圆形，体背面上隆起，体长 0.5mm 左右，淡粉红色，腹部末端有两条细毛，活动力强。

（4）蛹：裸蛹，体长 1.8mm，赤褐色，腹末有一黄褐色的刺状突。

第十六章　果树栽培的经营管理

第一节　果树生产基地的经营

一、果树育苗基地的经营

（一）经营

经营是指果树育苗基地的经济运营，是为实现既定的发展目标而进行的运筹、谋划、决策。其解决的是苗圃的战略问题，包括苗圃的发展方向、苗木生产计划、市场营销策略等。经营的目标是效益，经营状况好坏直接影响着苗圃的效益高低。经营者要对果树苗木市场需求及其变化有客观了解，能够充分认识到自身苗圃的优势和不足，做到扬长避短和优势互补，将自身优势与市场较好地协调和发展，使其生产的苗木产品符合市场需求，做到适销对路，取得良好的经济效益。

（二）管理

管理即是管辖治理的意思，是对苗圃经营过程中的人、财、物、产、供、销等进行计划、组织、协调、指挥、监督等各项工作。管理者要在现有的资源条件下，合理组织和安排生产，合理配置和使用各种生产要素，提高产品质量和劳动效率，降低生产成本。

二、果树苗木市场调查与预测

(一) 市场调查

1. 调查内容

（1）市场环境调查。主要是对国家和当地果树苗木市场的政策、标准、体制、经济发展状况以及社会发展需求等方面的调查。

（2）市场需求调查。主要调查各地市场对果树树种、品种或各种规格苗木的供求状况、需求量、不同地区的发展情况和销售潜力等。

（3）购买者的调查。主要包括经济水平、文化水平、发展规模等。

（4）苗木产品调查。主要包括不同地区购买者对各种果树苗木的品种、质量和规格等的要求，以及各种果树苗木的市场供求情况、生产技术等方面的调查。

（5）价格调查。主要包括消费者对苗木价格的反应、苗木品种价格的调整、新品种苗木的价格如何定价等。关键是要掌握价格动向，把握自身苗木市场竞争的主动权。

（6）同行调查。主要调查同行生产者的数量、分布及基本情况；对同行生产者的实力和所生产的果树苗木的种类、特点及优势等进行全面综合分析。

2. 调查方法

（1）电话或网络访问法。根据调查事项，采用座谈、走访、电话、网络等手段与购买者进行交流、沟通，获取相关的信息。

（2）实地观察法。调查者依据调查事项，直接到苗木生产基地或果树苗木市场进行现场观察，最好要进行拍摄记录，以搜集所需资料的方法。

（3）产前试验法。就是向市场投入少量本基地所产的果树苗木的新品种，进行试销，根据销售情况来决定生产数量和市场前景。

（二）市场预测

通过典型调查、抽样调查、专题调查、市场试销等综合调查方法，集中购买者意向、销售人员意见、专家意见、市场试销情况等信息，结合人们的经验加以综合分析，对果苗及其产品市场作出判断和预测，可有效地规避可能存在的经济风险。

第二节 苗木出圃的经营管理

一、出圃准备

果树苗木出圃前要进行苗木调查、制定计划与操作规程、策划营销与圃地浇水。苗木调查就是对拟定出圃的苗木进行抽样调查，掌握各类苗木的数量与质量。制定计划与操作规程指制定苗木出圃计划和掘苗操作规程；策划营销就是通过现代信息网络、媒体及多种信息渠道，搞好苗木的销售工作；圃地浇水就是在掘苗前苗圃地土壤干旱的情况下，提前10d左右对苗圃地灌水。

二、苗木挖掘

（一）起苗时间

起苗时间在秋季落叶后至春季萌芽前的休眠期内均可进行。最好根据栽植时期进行。秋季从苗木停止生长后至土壤结冻前起苗。就近栽植,最好随起随栽。春栽苗木在土壤解冻后至苗木发芽前起苗。

(二) 挖苗方法

挖苗分带土和不带土两种方式。落叶果树露地育苗,休眠期不带土对苗木成活影响不大;生长季出圃的苗木,带叶栽植需带土球。落叶前起苗,应先将叶片摘除,然后起苗。避免在大风、干燥、霜冻和雨天起苗。起苗前对苗木挂牌,标明树种、品种、砧木、来源、树龄及苗木数量等。如果土壤干燥,应提前1~2d充分灌水,待稍干后再起苗。挖掘时,尽量少伤根系,使根系完整,挖出后就地临时假植,用土埋住根系;或集中放在阴凉处,用浸水草帘或麻袋等覆盖。一畦或一区最好一次全部挖完。

三、分级与修苗

起苗后立即根据苗木规格进行分级。对不合格苗木应留在圃内继续培养。结合分级同时进行修剪。剪去病虫根、过长根及畸形根。主根留20cm左右短截。受伤粗根应修剪平滑,缩小伤面,且使剪口面向下。剪去地上部病虫枝、枯枝残桩和充实的秋梢及萌蘖。

四、检疫与消毒

(一) 苗木检疫

苗木检疫是防止病害蔓延的有效措施。我国对内检疫的病虫害主要有苹果绵蚜、苹果蠹蛾、葡萄根瘤蚜、美国白蛾。列入全国对外检疫的病虫害有地中海实蝇、苹果蠹蛾、苹果实蝇、苹果根瘤蚜、美国白蛾、栗疫病、梨火疫病等。育苗单位和苗木调运人员必须严格遵守植物检疫条例，做到从疫区不输出，新区不引入。起苗后至包装之前，主动向当地植物检疫部门申请，对苗木进行产地检疫，检疫合格签发检疫合格证之后，才能起运。

（二）苗木消毒

1. 杀菌处理。杀菌处理用 $3°\sim5°Be$ 石硫合剂溶液，或 $1:1:100$ 倍波尔多液浸苗 $10\sim20min$，再用清水冲洗根部。李属植物应慎重用波尔多液。还可用 0.1% 的升汞水浸苗 $20min$，再用清水冲洗 $1\sim2$ 次，在升汞中加醋酸或盐酸，杀菌效力更大。用 $0.1\%\sim0.2\%$ 硫酸铜溶液处理 $5min$ 后，清水洗净，也可起到消毒效果，但此药主要用于休眠期苗木根系的消毒，不宜用作全株消毒。用于苗木消毒的药液还有甲醛、石炭酸等。

2. 灭虫处理。灭虫处理用氰酸气熏蒸。具体操作方法是：在密闭的房间或箱子中，每 $100m^3$ 容积用氰酸钾 $30g$，硫酸 $45g$，水 $90mL$，熏蒸 $1h$。熏蒸前要关好门窗，先将硫酸倒入水中，然后再将氰酸钾倒入。$1h$ 后将门窗打开，待氰酸气散发完毕，方能进入室内取苗。少量苗木可用熏蒸箱熏蒸。氰酸气有剧毒，要注意安全。

五、包装运输与贮藏

（一）包装运输

苗木经检疫消毒后，进行包装调运。包装调运过程中要防止苗木干枯、腐烂、受冻、擦伤或压伤。苗木运输时间不超过 $1d$，可直接用篓、筐或车辆散装运输，但筐底或车底须垫湿草或苔藓等，且苗木根部蘸泥浆。苗木放置时要根对根，并与湿草分层堆积，上覆湿润物料。运输时间较长，苗木必须妥善包装。一般用草包、蒲包、草席、稻草等包装，苗木间填以湿润苔藓、锯屑、谷壳等，或根系蘸泥浆处理，还可用塑料薄膜袋包装。包裹要严密。包装好后挂上标签，注明树种、品种、数量、等级以及包装日期等。

运输过程中要做好保温、保湿工作，保持适当低温，但不可低于0℃，一般以2~5℃为宜。

（二）苗木贮藏

苗木贮藏习惯称作假植。分临时性短期贮藏与越冬长期贮藏两种方式。临时性短期贮藏可就近开沟，将苗木成捆立植于沟中，用湿土埋好根系。越冬长期贮藏是指秋冬出圃到第2年春季栽植的苗木，应选避风背阳、高燥平坦、无积水的地方挖沟假植。南北向开沟，沟宽左右，深50~80cm，沟长随苗木数量而定。假植时，应除去包装材料，打开捆绳，摊开散置。苗干向南倾斜45°，整齐紧密地排放在沟内，摆一层苗（苗层不宜太厚），埋一层土，填土应细碎，使苗木根系与土壤密接，不留空隙。培土达苗木干高的1/3~1/2（严寒地区达定干高度），填土一半时，沟内灌水。对弱小苗木应全部埋入土中。假植地四周应开排水沟，大的假植地中间还应适当留有通道。不同品种的苗木，应分区假植，详加标签，严防混杂。运输时间过久苗木，视其情况立即将其根部浸水1~2d，待苗木根部吸足水分后再行假植，浸水每日更换1次。苗木假植期间要定期检查，防止干燥、积水、鼠及野兔等危害，发现问题及时处理。

主要参考文献

雷世俊，赵兰英.2015.果树设施栽培［M］.济南：山东科学技术出版社.

黎彦，侯启昌.2015.果树病虫害防治［M］.北京：中央广播电视大学出版社.

卢伟红，辛贺明.2014.果树栽培技术［M］.大连：大连理工大学出版社.

王慧珍.2014.果树生产新技术：苹果、梨、葡萄、桃、杏［M］.北京：中国农业出版社.